# 为自信的自己鼓掌

肖楠◎编著

中国纺织出版社有限公司

# 内 容 提 要

人生就是一个大舞台，每个人都是自己的主角。当你自信地站在舞台上，演绎着人生酸甜苦辣，请记得为自己鼓掌。

本书从心态、信念、内心等方面阐述一个人的自信是如何树立的，同时讲述了自信的成长和转变的规则。阅读此书，您将会收获十分宝贵的关于自信树立的原则，以及一系列有用的建立自信的技巧。

**图书在版编目（CIP）数据**

为自信的自己鼓掌 / 肖楠编著. --北京：中国纺织出版社有限公司，2021.2

ISBN 978-7-5180-7883-7

Ⅰ. ①为… Ⅱ. ①肖… Ⅲ. ①自信心—能力培养—青少年读物 Ⅳ. ①B848.4-49

中国版本图书馆CIP数据核字（2020）第175373号

责任编辑：李凤琴　　责任校对：高　涵　　责任印制：储志伟

中国纺织出版社有限公司出版发行

地址：北京市朝阳区百子湾东里A407号楼　邮政编码：100124

销售电话：010—67004422　传真：010—87155801

http://www.c-textilep.com

中国纺织出版社天猫旗舰店

官方微博http://weibo.com/2119887771

三河市延风印装有限公司印刷　各地新华书店经销

2021年2月第1版第1次印刷

开本：880×1230　1/32　印张：6

字数：108千字　定价：39.80元

# 前 言

居里夫人曾说：“人要有恒心，尤其是要有自信心。”自信是开启成功之门的一把钥匙，自信会让一个人变得快乐，变得更幸福。当一个人内心充满自信，生活就不再平淡，因为有追求，敢于去拼搏。因为有了自信，人生必然变得更精彩。自信，是遭遇挫折时的微笑，那笑容中有勇敢；自信是遇到困难时的淡然，那淡然中有隐忍；自信，是收获成功时的喜悦，那喜悦中有气质。自信，是乐观的，是一种永不向困难低头的精神。

生活中随着时间的增长，我们会慢慢对自己有更深入的认识，可能觉得自己长得不够漂亮，觉得自己胆子小，觉得自己害怕受批评，担心别人对自己有更多的意见，觉得自己没魅力而导致没有异性缘。其实，无论怎样的想法，我们都应该清楚，这就是不自信的表现。在追逐人生的过程中，我们有必要让自己变得更自信，在职场中让人感受到自己的气场。同时让自己做到更好，更好地让自己变得优秀起来，值得拥有一些好的事物。

如何提高自信，我们可能需要做一些小的调整，这样会让我们更了解自己的状态，变得更自信优雅。比如做自己，可能我们会通过别人对我们的认识不断地进行自我调整，尽管这样的做法没有错，但我们应更好地遵从自己的内心，去做一些能让自己开心且快乐的事情。我们需要的是自信地做真正的自我。比如照顾好自己，当我们把自己照顾得足够好，就会对自身有准确的定位，清楚自己需要的是什么，不能够接受什么，从而把握好人生。比如勇敢尝试，就算面对一些能力范围之外的事情，也要勇敢尝试，只有尝试了才有可能成功。最终，我们会因自信而变得更好，能够与更好的人进行相处，不要活在一个框框世界里，而是要大胆跳出这个框，寻求真正属于我们自己的位置，这样生活才会变得越发精彩。

为自信的自己鼓掌，其实很简单。当我们遇到挫折的时候，心中默念："我能行"；当我们遭遇困难的时候，想着"我不做失败者"；当我们迎接挑战的时候，想着"我是最好的"。当我们觉得不如意的时候，只要相信自己，目标就会离你更近一步。

编著者

2020年9月

# 目录

# 第一章

## 拥有自信，让你成为人生之路的发光体

自信是人生的基石，更是一种奇妙的力量，每个人都需要自信。自信可以让人远离自卑的困扰，获取更多的机会，活得比别人更精彩。一旦内心拥有了某种自信，那整个人就会成为人生之路的发光体。

## 你是钻石，从不同的角度会折射不同的光芒

在人生的道路上，没有人能顺遂如意，每个人在人生中都会经历各种各样的事情，或者感受到人生的快乐和喜悦，或者感受到人生的紧张不安，甚至是恐惧。然而，无论等待我们的是什么，我们都要坦然面对人生，并且牢牢记住人生的价值所在。唯有拥有自信和自我肯定，我们才能够真正发挥自身的能力，从而让自己成为不可或缺的存在。

不可否认的是，每个人都有自身的价值，每个人都是这个世界上独一无二的生命个体。遗憾的是，现实生活中能够真正知道自身价值的人却少之又少，而能够坚信自身价值的更是凤毛麟角。每个人都希望别人能够认可和肯定自己，却完全忽略了一个人唯有自尊、自重、自爱，才能赢得他人的认可。从这个角度而言，我们必须先认识到自身的价值，也要竭尽所能发挥自身的价值，才能在生活中有更好的未来。否则，如果我们毫无价值，或者因为自卑而影响自己的人生发展，那么又如何能够获得成功呢?

现实生活中，每个人都是独一无二的，都是不可替代的，就像一颗钻石，从不同的角度来看会有不同的光芒。人也是如此，每个人都是与众不同的存在，每个人都要忠于自己的内

心，不忘初心，才能摆脱人生的迷惘状态，让自己在人生之路上脱颖而出，成就自己。

大名鼎鼎的推销员吉拉德有一个很奇怪的习惯，就是在他的每一件衣服上都绣着一个金光闪闪的阿拉伯数字1。很多人在看到吉拉德的衣服时，第一时间就想到吉拉德一定是非常自负的人，所以才会把自己当成世界第一的推销员。实际上，他们真正询问才知道吉拉德心中的答案。吉拉德告诉人们，那个数字并不代表他是世界上最伟大的推销员，也不意味着他是排名第一的推销员，而是代表着他在生命中是最伟大的，是不可取代的。吉拉德的话引人深思，因为这个世界上有太多优秀的人和出类拔萃者，而真正能够认为自己是世界上最伟大的存在的人，却少之又少。

吉拉德的人生并非一帆风顺，在35岁之前，他一直非常贫穷，甚至不能赚取足够的金钱来养活妻子儿女，导致家庭生活非常拮据。然而，在参加一次演讲之后，吉拉德才茅塞顿开，意识到自己的人生不应该这样混沌度过。在那次演讲比赛上，演讲者拿出一张钞票展示给听众们看，并且问哪位听众想要得到这张钱。

当时，吉拉德恰巧坐在第一排，因而他毫不犹豫地举起了手。演讲者想了想，说：“我把这张钞票加工一下，我一定会把它给你。”说完，演讲者把钞票放在手心里揉得皱皱巴巴，然后拿着这张皱皱巴巴的钞票又问台下的听众：“现在，你们还想要这张钞票吗？”吉拉德再次把手臂举得高高的，然后坚定不移地说：“当然想要。”演讲者表现出惊讶的神情，然后继续做出了让人难以理解的动作，只见他把钞票扔到地上，然后用双脚狠狠地踩踏钞票，甚至还用脚长时间碾压钞票。当演讲者再次捡起钞票时，吉拉德发现那张钞票不但皱皱巴巴，而且变得肮脏不堪。

演讲者再次问台下的听众：“如今，你们谁还想要这张钞票呢？”吉拉德马上毫不犹豫地再次举手，依然坚定不移地说：“我想要，我想要！”这时，演讲者满意地笑了。他说：“不管我把这张钞票揉皱了踩脏了，甚至我在上面吐一口唾沫，也许你们都依然想要这张钞票，因为这张钞票尽管看起来惨不忍睹，但实际上它的价值并没有因此而减弱分毫。它还拥有它之前的价值，它还能够换来等额的东西。一个人也是如此，哪怕遭遇命运的蹂躏，也不要让自己贬值，这样才能找到属于自己的去路。”

演讲者刚刚说完这番话，吉拉德就陷入沉思之中。他当即如同醍醐灌顶一般，明白了自己一直以来最大的错误，那就是他觉得人生已经没有出路，所以不知不觉间就看低了自己。从此之后，他再也不觉得自己是卑微的存在，而总是坚信自己是最伟大的，所以他才能够坚持不懈地奔向成功，最终成为举世闻名的伟大推销员。

现实生活中，很多人都因为外界客观环境的影响，而遭遇

各种各样的困难。每当这时，人们也许会感到沮丧绝望，也许会觉得人生毫无价值，也没有发展的前景．但是实际上就如一张钞票在接受各种各样的蹂躏之后，它的价值不会有分毫减少一样。一个人哪怕在人生中遭遇再多的困境和磨难，只要他总是心怀希望，愿意肯定自己，那么他就能够积极乐观地面对人生，也能够排除万难，在人生中扬帆起航。

只有相信自己，肯定自己，我们才能够消除内心的恐惧，才能绽放光芒，所以在人生遭遇不如意时，我们最先要做的并非怨声载道，更不是浪费宝贵的时间和精力去把责任推卸到他人的身上。真正的智者会先反思自己，想清楚自己遭遇磨难的原因，从而运用顽强的意志力作为命运的舵手，也才能让人生价值最大限度地得以发挥。不管时代怎么改变，也不管周围的环境如何变，只要我们的内心是坚定的，只要我们认为自己是一颗璀璨的钻石，我们就一定会焕发出别样的光彩。

## 潜能就像海中的冰山

每个人都有潜能，潜能就像是海中的冰山，只露出一个角，而大部分都隐藏在海平面之下。只有当潜能如同原子反应堆一样发生裂变，爆发出能力，你的人生才会从此变得与众不同，甚至你的生命也会出现诸多的奇迹。所谓潜能，就像是沉睡的巨人，等待着外界的力量将其唤醒，也像是沉睡的雄狮，时刻要爆发出伟大的力量。如果一个人能够完全发掘出自身的潜能，他就不再平庸，甚至能够变成牛顿和爱因斯坦那样伟大的人。不管别人怎样评论我们，我们都要坚定不移地相信自己，相信自己有力量操控人生，掌握命运，也相信我们最终一定会获得成就，令人瞩目。

如果你相信潜能的力量，你就会相信自己可以掌握几十种语言，也会相信自己能够背诵很多如同《诗经》一样的书籍。你也会相信自己能够在某个方面有突出的表现，或者在诸多方面都节节攀升。你当然坚定不移地认为这一切都不可能实现，因为你从未真正见识过潜能的力量。但是一旦你了解潜能，你就会坚定不移地相信，你一定能做到。

无数的专家学者都以科学的论证告诉我们，几乎每个人都蕴藏着巨大的潜能等待开发。更有学者指出，每个人只运用了自己十分之一的潜能。不管这个结论是否正确，也不管我们到底蕴含着多少潜能，我们都是有很多力量可以发掘出来的。只要我们始终坚信自己的力量，也相信自己可以获得伟大的成功，那么我们最终就可以爆发出力量，也能够达到人生的伟大目标。

要想让世界为你惊叹，你只需要做一件事情，那就是激发出自己的潜能。古往今来，有很多事实证明人的潜能是无限的。很多时候，人们只是自己限制了能力的发展，而没有正确

认知自己。当人们突破自己内心的囚牢，也就能够释放自己的能量。

美国人梅尔龙19岁的时候在越南打仗，导致背部被流弹击中，从此之后下半身瘫痪，不得不坐在轮椅上。整整十二年的时间里，梅尔龙始终依靠轮椅代步，直到发生了一件神奇的事情。

自从瘫痪以来，梅尔龙始终觉得人生绝望，总是借酒浇愁。有一天，他和往常一样去酒吧喝酒，喝得醉醺醺的才坐着轮椅回家。不想，在路上，三个劫匪看到梅尔龙不能自由活动，因而起了歹念，动手开始抢夺他的钱包。梅尔龙不顾一切反抗，导致劫匪被激怒。劫匪在抢走他的钱包之后，还把他的轮椅点燃了，以泄仇恨。梅尔龙顾不上钱包，看着着火的轮椅，他感受到生命受到威胁，居然忘记了自己是个瘫痪十二年的残疾人，情急之下站起来跑了一条街。等到他意识到自己居然能跑步了，也被自己吓住了。事后，回忆起当时的情境，梅尔龙说："我简直吓坏了，只想着如果我不赶紧逃走，就会被烧死。为此，我一跃而起，离开着火的轮椅，后来才发现自己居然能走动。"如今，梅尔龙已经找到了适合自己的工作，他身体状态非常健康，从此之后彻底摆脱轮椅了。

人只要有潜力，何时开始都不算晚。梅尔龙就是在情急之下爆发出潜能，所以才能彻底忘记自己十二年前就已经瘫痪的事实，从而勇敢地站起来逃命。如果不是遇到三个劫匪，也许梅尔龙还会继续坐在轮椅上，也就无法展开自己的健康人生了。

有很多事情都证明人是有潜能的。曾经有两个年逾古稀的老太太，一个人认为自己的人生即将结束，因而万念俱灰，而另一个人则认为自己还来得及做很多事情，所以开始学习登山。二十多年过去，等到九十五岁的时候，这位乐观的老太太居然爬上了日本的富士山，是迄今为止以最高龄攀登富士山的人。生命总会有奇迹，只要心中怀着信念，勇敢地激发出自身的潜力，就一定能够让人生有与众不同的绽放。最重要的是，我们必须首先做到相信自己，不要自己否定自己，这样才能不限制自己的发展。否则，如果一个人从内心深处限制自己的发展，又如何才能摆脱客观外界的束缚，让人生大放异彩呢？

## 赞美自己，激起向上的愿望

大屏幕上一次次的颁奖，令人心动不已，谁都想走一次红地毯，谁都想触碰奖杯的荣誉，人生若是得此殊荣，自然是一种幸运，一种辉煌。但是，如此巨大的荣誉和成功却不是每个人都能得到的。生活中的内向者自我感觉如此平凡，但是，请不要忘记为自己加油喝彩。美国的一位心理学家曾说：“不会赞美自己的成功，人就激发不起向上的愿望。”随时为自己加

油往往能带给自己欢乐和信心。当你的信心增强了，它就会鼓励你获得更大的成就，与此同时，你的自信心将会进一步增强。

但在现实生活中，许多性格内向的人对自己缺乏信心，他们总是期望得到别人的掌声。对于这样的情况，一位成功者说："别在乎别人对你的评价，否则，反而会成为你的包袱，我从不害怕得不到别人的喝彩，因为我会随时为自己鼓掌。"在人生的路途中，我们要保持思路清晰，随时为自己的壮志加油喝彩！

生活中有许多困难与挫折，面对这些困境，退却者总是不由自主地说"我不能……"。在这样一种心理的影响下，他们不敢正视现实中的挑战，对自己缺乏信心，最后导致自己的潜力并没有得到充分地发挥。其实，许多人不能成功的原因就在于缺乏自信，总是被"我不能"左右。所以，不妨试着把"我不能"埋在地下，相信自己，为自己加油鼓劲，用积极乐观的心态来面对一切，这样那些困难与挫折就会迎刃而解。

永远不要让"不可能"禁锢自己的手脚，对自己要充满信心，随时为自己加油，勇敢地向前迈一步，坚持到底，那么，"不可能"就变成了"一切皆有可能"，不可否认，为自己加油是找回自信的最佳途径。不断地为自己加油，告诉自己"我一定能行"，通过肯定自己来不断地增强你奋力向前的信心，从而获得成功。

无论是生活中还是工作中，我们都难免会遭遇到坎坷、曲折、磨难，这时，我们会感到痛苦、迷茫，但是，这些都不是最可怕的，可怕的是自己先否定了自己，自己摧毁自己。

所以，在这关键时刻，退却者更需要相信自己，为自己加油，要坚信命运的钥匙永远掌握在自己的手中。摔了跟头，应该立即爬起来，为自己鼓劲，为自己喊声“加油”；当我们取得一次小成就的时候，应该对自己说“我真棒”；当困难来临的时候，记得给自己打气，对自己说“我一定能行”。那些能为自己加油、喝彩的人，他们一定会成为生活中的强者。

## 心门的钥匙就在自己手中

很多时候，打败我们的不是别人，而是我们自己。在人生的旅程中，每个人都难免遇到困难，甚至有的时候这些困难看似不可逾越。在这种情况下，是否能够战胜困难并非取决于外界的天时地利人和，而是取决于我们战胜困难的意志。很多人都听说过，原本一个癌症晚期的病人已经被医生判了死刑，医生甚至不让他留在医院进行治疗，而是让他想吃就吃，想喝就喝，四处玩乐，以完成一生之中未尽的心愿。因此，癌症病人离开了医院。既然知道时日无多，连医生都放弃治疗，他也就彻底想开了。他卖掉房子，带着所有的家当开始周游世界。他

什么也不想，完全忘记了自己的癌症，就这样开心地在地球上走走停停。不知不觉间，时间已经过去了一年多，这已经远远超出了医生宣判的他的死期——半年。他游山玩水之后回到了家里，去医院进行复查，他想弄明白自己为什么没有死。检查的结果让所有人都大吃一惊，他体内的癌细胞消失了。这个奇迹用医学根本无法解释，却曾经发生在癌症晚期病人的身上。生还是死，决定因素就是他们能否放下一切享受生活。有位医生曾经说，很多癌症病人都是吓死的。如果得知自己得了癌症之后就终日以泪洗面，忧思不断，那么，即使癌症原本并不严重，也会因为情绪消沉迅速恶化，最终夺去生命。

打开心门，不仅仅对于治疗癌症有奇效，对于生活中的很多事情都效果显著。在这个世界上，每个人都追求成功，然而，他们在通往成功的路上，或者是还没出发就先放弃，或者是死在路途中。究其原因，是他们在追求成功的过程中没有经受住失败的考验。对于很多人来说，失败就是心里的坎，他们没有能力承受失败。然而，有哪一个成功不是在经历很多次失败之后呢？要想成功，首先要打开心门，拥抱失败。只要我们心里抱着积极的态度面对失败，对失败不抱怨不气馁，积极地寻找经验，失败就会成为我们进步的阶梯。每个人的心里都有一扇门，只有打开这扇门，才能敞开心扉拥抱生活的喜乐悲苦。遇到生活的变故时，人们常常抱怨命运的不公平，抱怨身边的亲人朋友，实际上，你心门的钥匙掌握在你自己手里。影

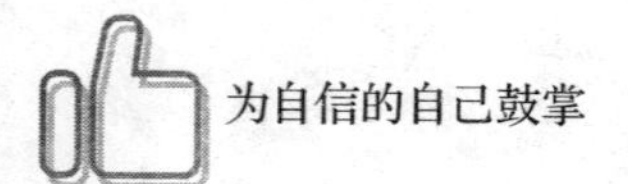



响你命运的不是外界的各种人和事，而是你的内心。

李阿姨59岁了，原本计划好退休之后和老伴一起环游世界，不想，老伴突发心肌梗死，离她而去了。李阿姨痛不欲生，恨不得和老伴一起去了。然而，孩子们整天整夜地守着她、开导她。李阿姨在家躺了一个月之后，勉强支撑着去上班了。这一年的时间，因为工作上还比较忙碌，虽然想起老伴还是忍不住掉泪，但还是磕磕绊绊地过去了。一年之后，李阿姨退休了。看着冷冷清清的家，她的心情糟糕到了极点。她又产生了厌世的念头。儿女们都已经长大，各自成家，有了自己的生活。虽然每到节假日他们就拖家带口地来陪伴李阿姨，然而，李阿姨还是觉得空虚寂寞，生活了无乐趣。

退休没多久，李阿姨就得了严重的抑郁症，并且有严重的自杀倾向。为了照顾妈妈，女儿辞去了好好的工作，带着孩子搬来和李阿姨一起住。看着女儿整日忙前忙后，还不得不和女婿两地分居，李阿姨觉得很不忍心。她劝女儿搬回家去住，否则时间久了，夫妻感情容易淡漠，女儿却说宁愿离婚，也不会扔下妈妈。李阿姨想了很久，觉得不能再拖累女儿了。因此，她和女儿商量着要报团旅游。和兄弟姐妹们商量之后，女儿给她报了一个豪华游，历时一个月，走遍大半个中国。从来没出过远门的李阿姨跟着旅游团出发了，在旅游团里，她认识了很多老伙伴，玩得很开心。这是一个老年团，里面有很多老人都是单身一人。他们和李阿姨相互劝慰，再加上导游的贴心陪

伴，最终李阿姨想明白了：生活总要继续，不能拖累孩子。

回家之后，李阿姨一改往日的消沉，她给自己报名参加了老年大学，还报名了书法班、插花艺术班。渐渐地，她的生活再次走上轨道，每天都非常充实且有规律。看到妈妈的改变，女儿高兴极了。一个月之后，她放心地带着女儿搬回家了。

李阿姨之所以能够有如此之大的改变，就是因为她打开了自己的心门。如果不是她自己想明白了该如何生活，不管别人再怎么劝说和安慰，也是无济于事的。朋友们，在生活中，每个人都难免遇到为难的事情，这种情况下，我们一定要摆正心态，因为唯有如此，才能战胜困难，在人生的道路上继续前行。

心门的钥匙掌握在我们自己手中，所以，是否打开心门完全取决于我们自己。拥有一颗积极乐观的心，即使遇到再大的困难，也能够战胜困难，继续前行。拥有一颗脆弱消沉的心，遇到小小的困难就会放弃，这样当然会陷入生活的低谷，甚至是彻底绝望。人生不可能一帆风顺，唯有积极面对，才能勇往直前。

## 人必须相信自己，这是成功的秘诀

二十世纪著名喜剧大师卓别林曾经说过这样一句话：“人

必须相信自己，这是成功的秘诀。”不要看轻了这句话的分量，相信自己，我们做到了吗？在很多时候，我们做不到，所以我们错过了成功。有的人喜欢说“我不行”，而有的人则喜欢说“我能行”，只是一字之差，其中给人带来的力量却是千差万别。喜欢说“我不行”的人总是无形间给自己灌输消极思想，本来可以做到的事情，却因为自己的不自信怎么也做不好；喜欢说“我能行”的人，总是无意间能发现惊喜，因为时刻的自我鼓励，让自己变得勇敢而又上进，总是不断激发自己的潜力，攻破一个个难关，学到越来越多的本领。所以说，不要轻易否定自己的能力，为自己的心灵设限。很多时候，阻碍我们进步的主要障碍，不是我们能力的高低，而是我们想法的好坏。

罗斯福年轻时，洒脱俊秀，才华横溢，深受人们爱戴。某日，罗斯福在加勒比海度假，游泳时突然觉得腿部麻木，动弹不得，经他人挽救才避免了一场悲剧的发生。大夫诊断后证明罗斯福得了“腿部麻木症”，大夫对他说：“这可能会严重影响您的正常行走。”罗斯福并未被大夫的话吓倒，反而笑呵呵地对大夫说：“我还要走路，并且我一定能走入白宫。”

首届总统竞选时，罗斯福对助手说：“请安排一个大讲坛，我要让所有的选民看到我这个患麻木症的人可以‘走’上台演讲，而无须什么手杖、轮椅！”当天，他穿着笔挺的西装，眼神充满自信地从后台走上演讲坛。他每一个脚步声都让

在场的人深深地意识到他坚强的意志及信念。

后来，罗斯福成为美国政治史上唯一一个连任四届的伟大总统。

罗斯福总统那坚定的步伐正是自信的表现，他用自己的每一步向人们传达了自己不服输的精神和内心那份坚定的信念。如果你相信自己能行，并加以行动，那么成功就在不远处等着你。倘若自己都不相信自己，觉得自己不行，那么你已经在后退了，更不用说什么成功了。

每个人的道路都不会一帆风顺，这是挑战也是机遇，更是证实自己实力的一个机会。许多伟人成功的例子不也是如此吗？爱迪生相信自己，在被老师看作差生、在被试验打败之后，依然相信自己一定能行。结果，他真的实现了梦想，发现了钨丝。居里夫人是怎么发现镭元素的？很简单，她用勤奋，加上自信，才成就了一个奇迹。每当失败来临的时候，他们选择的不是放弃，而是坚信自己能做好！这是一种信念，也是一种力量！

## 放大自己的优点，感受正能量

有一件小事至今令我印象深刻：大一刚刚入学的时候，班里的同学都争先恐后地加入学校的各种社团。只有一位同学什么社团都没有参加。当我们的辅导员王老师了解到相关情况以后，找她进行询问谈心。那位同学羞愧地说道：“我觉得自己没有任何特长，报名参加那些社团肯定也不会被选上，所以我什么团都没有报。”

“怎么会呢？你能考上我们这所大学就说明你有一定的文化功底呀！”王老师安慰道，并准备通过询问她的兴趣爱好为她安排进一个社团。

“你精通数学吗？”王老师试探性地问道。同学轻轻地摇了摇头。

“那你美术怎么样？”同学还是不好意思地摇了摇头。

“那你唱歌跳舞怎么样？”王老师又问道。同学窘迫地低下了头。

面对王老师的接连发问，同学都只能摇头以对，一时间气氛中弥漫着尴尬的味道。“那你先把名字学号留下来吧，我看着再帮你留意一下。”王老师笑着说道。同学羞愧地写下自己的名字和学号，急忙转身就要走，却被王老师一把拉住：“同学，你的字写得很漂亮啊，这就是你的优点啊，你擅长写字，可以到任何一个社团里面书写板报啊，这可是一个别人不可求的优点。你要好好挑选，不要只是随便糊弄一下哦。”“把名字写好，字写得好也算是一个优点吗？”同学欣喜地问道。“当然算啊，同学，你最大的问题其实不是没有优点，只要是人，就都会有自己的优点和缺点，你最大的问题是没有自信，

没有一双发现自己优点的眼睛。”王老师笑着说道，“你好好想想，你能把字写好，就意味着你能写出漂亮的板报，就能锻炼自己参与设计，就能尝试写好文章……”听到王老师鼓励的话语，同学一下子打开了思绪，眼前的困境迎刃而解。

一个月以后，这位同学果然已经成了学校社团中的优秀分子。两年以后，她更是积极参与竞选，成为学院新一代的学生会主席。

其实这只是我们平时生活中每个人都有可能遇到的一件小事，但它告诉我们一个不容忽视的真理：很多时候，我们的成功都来自我们的自信，源自我们能够找出自身的优点，并努力地将其放大，放大到超越自己并优于他人。很多时候，我们总是会听到别人说起自己的缺点，并为这些缺点立下“宏伟”的改正计划。殊不知，只要转变思想，不要紧盯我们自身的缺点，而是放大我们的优点，或许，我们就会有不一样的收获。毕竟，我们的天性都是长年累月最贴合自身秉性而形成的个人特质，想要通过后天短时间的计划彻底改变自己的过往本就是一件很难的事情。因此，我们不如将大部分的时间与精力用于发现自己的优点，放大自己的优点，让自己感受到越来越多的正能量，最终必定会达到事半功倍的效果。

亲爱的朋友，人生路上，在实现目标之前，我们都要走一段蜿蜒漫长的路。而当走到半途的时候其实是最困难、最容易放弃、最需要继续加油的时候，因为这时的我们已经付出了很多，却还没看到尽头。此时，一旦放弃，便会使以往的努力付之东流。只有用自信不断鼓励自我，放大自己的优点，忽略过程中的缺点，沉住气，踏踏实实地走好当下的每一步，才不会让自己迷失在这困顿之中。亲爱的朋友，请你相信：人生的掌声出于这样那样的原因，有可能会来得很晚，但只要我们充满自信地等待，永不放弃，终有一日，它会来到我们的身边。

国内外多个机构的各项研究表明：不自信通常是造成我们人生失败的重要因素之一。很多时候，我们都会深受恐惧、不自信等消极心理的影响，造成失败的被动局面，掉入越做越错、越错越不自信的怪圈。这时，只要我们能够及时发现自己失衡的心理状态，努力调整自己，积极向上，鼓足勇气超越自己、克服内心的恐惧和害怕，就能够最终赢回自信，打一场漂亮的翻身仗。因此，亲爱的朋友，当你缺乏自信的时候，请告诉自己：这是一种来自内心的恐惧，而当你选择害怕的时候，其实已经输了你的人生，所以，鼓起勇气，与内心那个胆小的自己作斗争；放下面子，曾经的失败并没有你想象中的那么严重；保持笑容，微笑是你面对一切最强大的傍身武器。只要你勇敢尝试一次并取得成功以后，你就会发现：一切其实很简单。

# 第二章

## 欣赏自己，并且活成自己喜欢的样子

人生前行的路途，有艰辛也有孤独，有痛苦也有快乐，每个人都要学会欣赏自己，而不是等着别人来欣赏你。只有欣赏自己，相信自己，勇往直前，奋力拼搏，才能走出一条真正属于自己的成功之路。

## 相信自己是优秀的，为自己鼓掌

人是群居动物，每个人都不可能脱离人群而独自生活，尤其是在分工合作更加密切的现代社会，人与人之间会产生各种各样的联系，也都会得到外界的认可与肯定。在这种情况下，人们理所当然要好好表现，发挥自己所有的能力，迸发出所有的力量，从而让自己有良好的人生表现。然而，一定要注意不要总是奢求得到外界的欣赏，最重要的是我们自己要欣赏自己，就算全世界都放弃我们，我们也应该努力坚持下去；就算全世界都唾弃我们，我们也要相信自己是优秀的，也要为自己鼓掌。这样一来，我们才能让内心真正强大起来。

一个人如果不愿意自我肯定和自我欣赏，那么他的内心一定是自卑和胆怯的。对于人类而言，这是非常正常的情绪反应。自卑和胆怯的来源非常复杂，引起自卑和胆怯的原因也很多。有的孩子因为学习成绩不好而感到自卑；有的女孩因为长得不够漂亮而感到自卑；也有年轻人因为在工作上没有出色的表现而自卑。总而言之，很多自信的人都有相似之处和共同点，而对于大多数自卑的人而言，他们却各有各的自卑原因。

马斯洛需求层次理论告诉我们，每个人在满足基本的生理需求之后，都希望自己得到他人的肯定和尊重，这也是人的心

理需求之根本。如果各级需求总是得不到满足，人就会变得越来越自卑，怀疑自己，也会因为胆小怯懦而不愿意面对自己，甚至完全封闭自己，不再与外界进行任何交流。生活中有很多人因为受到刺激而变得自闭，关闭了心扉。在这种情况下，作为普通人，我们要想让自己变得更加勇敢和强大，就一定要战胜恐惧，才能做到自己欣赏自己，自己认可自己，从自己的心灵中得到更强大的力量。

小薇是个特别自卑的人，不管做什么事情，她都觉得自己无法做到最好，也常常因此而否定自己，觉得自己不如其他人表现更优秀。也许是因为从小生活在农村，她并没有什么才艺和特长，每当看到其他女同学弹琴、唱歌或者跳舞的时候，她都自惭形秽，觉得自己简直不像一个女孩。在这样的心态下，随着时间的推移，小薇变得越来越自我封闭，她甚至不愿意与同学们沟通，更不想和女生有过于亲近的来往。因此，她在学校里总是独来独往，从来不与其他同学结伴。渐渐地，她走路的时候也低着头，因为她怕看到同学不知道如何打招呼，说话的声音更是像蚊子哼哼，如果不伏在她的嘴边去听，甚至都听不清她在说什么。就这样，小薇变得越来越卑微。

有一次，同学们聚会也邀请了小薇一起参加。在整个吃饭过程中，小薇始终坐在角落里低着头吃自己眼前的菜，不愿意抬起头来与大家交流。吃完饭之后，大家一起去唱歌，正当小薇全神贯注地听着麦霸唱歌时，突然有一个女孩儿大声说："小薇，来一首吧。唱唱你拿手的歌，我们还没听过你唱歌呢！"听到这句话，小薇马上变得面红耳赤，连连摆手说："我可不会唱歌，我从来都不会唱歌，我长这么大都没有唱过歌。"听着小薇语无伦次的推辞，那个女同学笑了起来。实际上，小薇的嗓音非常优美，只是她没有勇气在众多同学面前唱歌而已。在同学们的起哄下，小薇赶鸭子上架，无法拒绝，只好拿着麦克风勉为其难地唱了起来。

小薇才唱了几句，大家都纷纷为她鼓掌，因为在麦克风的作用下，小薇的声音真的非常优美动听。虽然因为紧张，小薇的声音有些颤抖，但是瑕不掩瑜，同学们依然能够听出声音本质的优美。这个时候，一位男同学借花献佛，拿起KTV包间里的一盆塑料花送给小薇。同学们都哈哈大笑起来，小薇也情不自禁地笑起来。小薇唱完歌，全场掌声雷动，让小薇唱歌的女同学大声地说："小薇，你可真是天籁之音啊，你从来不唱歌，这简直是浪费。以后，你一定要相信自己，欣赏自己，否则这么好的嗓音岂不是白白埋没了吗！"在经历了这次挑战之后，小薇的勇气明显增强了，她也敢于在别人面前说话了。尤其是在唱歌的时候，她从想唱不敢唱，到后来能够拿起麦克风勇敢大声地唱，简直有了翻天覆地的变化。

生活中很多人都不知道自己的优点和缺点。如果不知道自己的缺点，必然会因此而犯下错误；如果不知道自己的优点，那么会不懂得欣赏自己。和那些趾高气昂只知道自己优点且只

看到别人缺点的人相比，他们恰恰相反，总是看到自己的缺点，而更多地看到他人的优点。在这种情况下，哪怕他人并不那么优秀，因为仰视的角度，他们也会觉得他人无端地高大起来。实际上，与其把他人奉若神明，还不如利用自身的优势发展能力，提升水平，也学着站在平等的角度欣赏他人。这样一来，我们才能变得更加自信和勇敢，也才能为自己的人生开阔道路。

其实在遭到他人的否定和怀疑时，我们更应该懂得重视自己，因为只有给自己足够的重视，我们才能得到他人的尊重和理解，才能让人生绽放出绚丽的光彩。否则，如果我们总是妄自菲薄，否定自己，又如何能说服他人相信并且器重我们呢？

## 当你的生命发光，未来更会精彩

很多成功者之所以能够成功，并非因为他们有独特的天赋，也不是因为他们拥有好运气，而是因为他们有信念，也敢于拼搏。在信念的支撑下，他们能够当机立断付诸实际行动，从而让自己的人生更加勇敢无畏，拼搏进取。也许有些朋友会说，凡事总要三思而行，虽然三思而行是没有错的，但是我们更需要在想好之后马上就展开行动。有很多人都会犯拖延的错误，明明有好的想法，却因为拖延而最终变成空想。这样一

来，好想法就会变得毫无意义，对于人生也没有切实有效的推动作用。

任何时候，我们都要敢想敢做，敢于拼搏，才能让人生绽放光彩。很多人对于成功的理解过于狭隘，他们常常觉得人生成功与否，与有多少金钱、当多大的官有关系。其实，这些所谓的身外之物固然可以改善和提升生活的质量，但是与人生是否成功并没有必然的联系。真正的成功，无关年龄，无关金钱，而是与一个人是否努力，是否勇于拼搏有着密切的关联。天上从来不会掉馅饼，人生从来没有免费的午餐，每个人都要靠着自己的努力实现人生的价值和意义。最大的成功，是活成自己的样子，活出自己的精彩人生，而不是盲目地模仿别人，或者跟在别人后面做一些平淡无奇的事情。

高收益必然伴随着高风险。很多时候，我们只想获得成功，而不能接受失败，不得不说，这样的成功根本不存在。古往今来，哪一个成功者不是伴随着血泪和汗水？哪一个人不是在付出很多之后才能得到些许的回报？不管怎样，最重要的是勇敢，是坚持。

前些年热播的电视剧《亮剑》中的李云龙给人留下了深刻的印象，也圈粉无数。实际上，李云龙正如他自己所说的那样是个粗人，他之所以能够具有强大的人格魅力，就是因为他非常勇敢，也因为他敢于拼搏。当然，我们生活在和平的年代里，不需要与敌人厮杀，但是现代生活生存这么艰难，每个人

要想为自己赢得一席之地，就必须非常努力，也要用尽全力去做到最好。

大学毕业后，小夏想去外地工作，还想继续考研。尽管爸爸妈妈都很反对，但是她却坚持自己的想法，去了遥远的大城市，孤身一人打拼。爸爸妈妈总是很牵挂小夏，也常常会打电话劝说小夏回家，但是小夏从来都是拒绝。后来，小夏在大城市有了稳定的工作，也有了自己的小家。有段时间，公司要外派人员出国一年，小夏几乎不假思索地报名参加了。

对此，丈夫和爸爸妈妈都有很强烈的反对意见。丈夫觉得自己一个人无法照顾好孩子，爸爸妈妈则提醒小夏一年的时间太长，夫妻感情也会淡漠，甚至还会影响家庭的安定团结。但是，这个机会千载难逢，小夏如果能去，回来之后就会有很好的发展。为此，小夏坚定不移，先是做通丈夫的工作，接着就义无反顾奔向国外。在这一年的时间里，小夏曾经三次回家探亲，也每天都在通过视频了解丈夫和孩子的情况。一年后回到国内，小夏摇身一变成为大区总监，职位晋升，薪水也得到提升，真正成为人生赢家。

面对人生的很多机遇，我们常常会犹豫，但是对人生而言，好机会千载难逢，而且转瞬即逝。如果能够抓住机遇，我们在人生之中就会有突飞猛进的发展，如果不能抓住机遇，我们在成长过程中就会滞后很多。为此，我们一定要端正心态，在人生之中主动创造和把握更多的机会，全力以赴做好自己该做的事情。

尤其是在现代社会，很多年轻人都会感到迷惘。他们有梦想，但却总是停滞不前，或者面对自己一个非常好的想法，他们也总是会拖延。还有相当一部分年轻人眼高手低，总是想要干更少的活儿，收获更多。不得不说，这样的想法禁锢了年轻人的发展，也常常会让年轻人局限在自己的安逸天地中，不愿意走出来。成功，最重要的就是要敢想敢干，因为只有迈出行动的第一步，才真正开始走向成功。当然，成功的道路很艰难，我们必须更加努力去做，也要在遇到困境的时候坚持下去，才能超越人生的困境，走到柳暗花明的境遇中。

记住，这个世界从来不会以我们的意志为转移，更多的时候，我们必须非常努力，坚持不懈，才能获得小小的收获。即使这样小小的收获，也能成为激励我们的光芒，让我们可以在人生道路上执着前行。人生短暂，不要白白让生命的光阴流淌，当你的生命发光，你的未来更会精彩。

## 发掘天赋，激发自身的潜能

人人都有天赋，但是未必人人都能认识到自己的天赋是什么。这是因为每个孩子在小时候对于自己的认知，总是受到他人的影响。尤其是父母的评价，更是决定了孩子如何定义自

己。而等到长大成人，你们又为了维持生计而四处奔波，导致无暇顾及自己感兴趣的或者擅长的事情，如此不知不觉中就埋没了天赋，人生也变得平庸。

没有人愿意自己的人生平淡无奇，既然如此，就应该发展天赋，才能让人生变得与众不同。必要的时候，作为父母要有意识地挖掘和发现孩子的天赋。例如，在给孩子报名参加兴趣班时，年幼的孩子根本不知道自己真正喜欢或者擅长什么，父母就要在尝试的过程中认真观察孩子。再如，长大成人之后，每个人也要多问问自己的内心喜欢什么，观察自己在生活和工作中表现出来擅长什么，从而让人生的发展事半功倍。

大名鼎鼎的漫画家朱德庸有很多经典的作品，得到了广大读者的欢迎和喜爱。然而，朱德庸并非从小就擅长画画，相反，他的学习成绩很差，是不折不扣的差等生，甚至连最普通的学校都不愿意接收他。还有些老师公开指责朱德庸简直太笨了，这直接导致朱德庸在很长一段时间内都认为自己是笨蛋。直到十几年后，朱德庸才明白自己不是笨蛋，而只是因为有学习障碍，所以才在学习方面表现出极大的劣势而已。不过，朱德庸也发现了自身的一个特点，那就是很喜欢图形，不但对图形拥有鉴赏力，而且也乐于拿起画笔创作。很快，朱德庸就把生活的重心调整到绘画中，他从外界受到伤害的心，一旦回到绘画的世界，马上就会变得简单快乐、非常纯净。

因为朱德庸在学习方面奇差无比的表现，父母也受到牵连，经常会被老师叫到学校，接受批评。尽管如此，父母依然无条件支持朱德庸画画，爸爸还亲自裁剪白纸，为朱德庸订制绘画本。直到若干年后在漫画方面做出伟大的成就，朱德庸才真正释然。一旦提起天赋，他总是感慨万千："不管是人还是动物，都有自己的天赋。老虎有锋利的牙齿，兔子身形敏捷，狡兔三窟，因而能在残酷的自然环境中生存下来。人也是如此，唯有发现自己的天赋，顺应自己的天性去发展，才能真正得到快乐。否则，违背天性的选择，只会让人生充满痛苦。"

人人都有天赋，遗憾的是，现实生活中，真正能够发现自身的天赋，并且把天赋发挥得淋漓尽致的人，少之又少。自感平庸的人，千万不要随意抱怨人生平淡无奇，而要更加积极主动调整好心态，发掘自身的天赋，激发自身的潜能，让人生绽放异彩。

还有些孩子从小受到父母严格的管教，原本表现出一定的天赋，最终却因为没有形成良好的生活习惯而渐渐地掩盖天赋，变得平庸。由此可见，教育如果不当，不但不能成就孩子的发展，反而会导致孩子的天赋被埋没，也使得孩子遭遇困厄。曾经有位名人说，天性对于人生具有更大的影响力。从这句话不难看出，天性对人的确是至关重要的。一个人要想拥有与众不同的人生，则一定不要忽略天赋，唯有把天赋深入挖掘出来，再加以大力发展，才能让天赋成为人生的助力，给人生加分。

## 不做旁观者，真正参与人生

现实生活中，每个人都想获得成功，都想成为人生的主宰。然而，人生其实并没有什么诀窍和捷径，一个人要想掌控人生，就必须真正参与人生，而不要始终站在人生旁观者的角色漠视人生。

大多数人都对自己的人生感到不满足，他们因此而抱怨命运不公，最终对人生失去信心，而让自己沦为人生的旁观者。直到时间悄然流逝，青春年华不再来，他们才意识到每个人都必须对自己的人生负责。一个人越早知道自己在人生中的角色，越能够及时抓住人生中千载难逢的好机会，从而让自己的人生更幸运。年轻的时候，如果你抱怨自己一无所有，那么你就错了，因为对于年轻人而言，一无所有反而是件好事，这是命运安排你孤独地走过一段人生之路，这样你才会更从容淡然，你也才能够在面对内心的过程中让自己不断强大起来。归根结底，哪怕是最爱我们的父母，也不可能永远陪伴着我们，所以我们只能独自面对人生，自己扛起一切艰难和挫折。

当然，对人生感到愤愤不平的时候，也不要一味地只盯着人生中不如意的地方看，其实命运总是公平的，它在为一个人关上一扇门的时候，还会为这个人打开一扇窗。因而我们对待人生要怀着更宽容的心态和更充足的热情，而不要总是假装没有看到命运给我们的好。也许当怀着感恩之心，我们就能看见命运更多的美好与善良，就像一位名人所说的，这个世界上并不缺少美，缺少的只是发现美的眼睛。我们也唯有以感恩的心面对这个世界，才能更加从容地得到更多。

小文是个文静的女孩儿，从小就喜欢做针线活儿，她总是跟着年迈的姥姥一起缝缝补补。姥姥看到小文的针线活儿越做越好，总是夸小文："我们小文可真像大家闺秀啊，能把女工做得这么好。这手好活儿，要是放在古时候，提亲的人都会踏破咱家的门槛呢。"每当这时，才十几岁的小文总是非常害羞，依偎在姥姥的怀中，抱着姥姥的脖子撒娇。

原本，小文最大的理想是成为一名服装设计师，然而造化弄人，在高考时她没有考出好成绩，与美术学院的服装设计专业失之交臂。最终，她不得不勉为其难地选择了会计专业，从而让自己有生存的技能。就这样，小文成了一名会计，幸好她没有把针线活儿扔下，而将其作为自己的爱好，始终刻苦钻研。

十几年过去，原创服装越来越受到人们的喜爱和欢迎，尤其是淘宝的普及，使得更多人喜欢在网上购买东西。由于小文出色的针线活儿，家里人都鼓励她开一家网店，专门卖原创服装，小文却觉得很为难，因为她对网络并不很懂，又因为一直从事会计专业，她觉得自己已经对针线活儿生疏了。直到有一天家庭聚会，表妹穿来了一条独特的裙子，大家都觉得这个裙子的样式很好看。然而当听到表妹说出这条裙子的价格时，大家都不免咋舌。尤其是年迈的姥姥，撇着漏风的嘴巴说："你呀真是瞎花

钱，你还不如让你表姐给你做呢，这衣服虽然样子好看，但是做工真不如你表姐。”表妹不由得嗤之以鼻：“我表姐那是在家瞎玩儿呢，我这可是人家原创设计师亲手做出来的。”小文听到表妹的话可不乐意了，说：“我可不是瞎玩儿，等着吧，我也去学学服装设计，将来一定能够做得比你这条裙子更好。”

从此之后，小文一边工作，一边利用业余时间学习服装设计。一年之后，小文的服装作品居然在服装设计赛上赢得了三等奖。小文受到极大的激励，索性辞掉工作，专门参加了电脑培训班，也学习了在网络上开店的技能。很快，小文原创服装店就隆重开业了，因为小文设计的服装样式独特，做工精良，所以小文的生意越来越好，没出几年，小文就成立了自己的服装加工厂，把生意越做越大了。

事例中，小文阴差阳错与服装设计专业失之交臂，然而，命运从来不会辜负任何一个人。在十年之后，小文还是再次拿起了针线和剪刀，成为了一名不折不扣的服装设计师，也最终成为成功的服装制造商。她虽然不能继续从事会计的职业，但是却找回了自己最喜欢的工作，这简直就是人生最大的幸运。

人生中的很多时候，我们都要与厄运作斗争，然而更多的时候，我们要顺应命运的安排，这样才能让自己在人生发展中事半功倍，从容不迫。在人生发展的过程中，我们应该意识到自己的天赋和特长，而不要一味弥补人生的短板。很多人都知道心理学上的木桶理论，意思是说一只木桶能装多少水并非取决于最长的那块板，而是取决于最短的那块板。因此，要想增加一只木桶的容水量，就要弥补木桶的短板，从而让木桶派上更大的用场。但是对于人生而言，木桶理论并非完全适用，每个人未必要弥补自己的短处，而应该抓住自己的长处和优点，从而发展自身的核心竞争力，让自己的能力越来越强。

生活中，很少有人有那样的幸运，从事自己最喜欢的工作，即便如此，我们也不能浪费上天安排给我们的天赋。人生中，很多机会都是人们自己创造和争取出来的，所以我们更要把握好人生，让人生绽放异彩。

## 激励自己，乐观向上创造奇迹

和几十年前传统的计划经济时代相比，现在的职场人士再也没有了曾经的轻松悠闲。毕竟大锅饭的时代已经一去不返了，在如今的市场经济时代，每家企业都是一个萝卜一个坑，每家企业在决定聘用一个人时，都希望这个人在自己的工作岗位上承担起相应的责任，也为公司创造一定的效益。为此很多人都觉得压力特别大，甚至觉得身心憔悴，因为在责任面前，他们总是不知道如何才能更好地展示自己，也常常为自己的能力不足而忧心忡忡。实际上，与其因为工作上的压力而心神不宁，还不如把责任感转化为强大的内驱力，从而激励自己不断地爆发出潜能，始终

乐观向上创造奇迹，这就是责任心的神奇力量。

世界上很多伟大的企业家都对责任心非常重视，创造微软帝国的比尔·盖茨就曾经要求员工一定要有责任心，因为在他的心目中责任是排在第一位的。他认为，只有拥有责任心的员工，才能对公司尽职尽责，才能够拥有超强的执行力。所以说一流执行力的具体表现就是对工作全心全意，认真负责。毋庸置疑，现在社会有很多人都拥有大学学历，甚至拥有研究生、博士生的学历，然而为什么那么多用人单位都感慨自己没有合适的人才可用呢？这是因为有很多人才都缺乏责任心，他们尽管能力超群，却不能把这份能力完全用到工作上，也无法用能力来保证工作的质量，那么这和没有责任心、没有能力又有什么区别呢？

作为新员工，要在工作上更积极主动，特别是在激烈的竞争中，更要肩负起自己的职责，投入全身心的力量认真面对工作，才能在工作上脱颖而出。当然，这一切的努力和认真都是责任感驱使他们去做的，所以作为人才就一定要有强烈的责任心，才能成为上司和老板最不可或缺的人。当然，只有责任心也是远远不够的，还要有超强的执行力。任何事情，如果拖延下去，就会导致结果不尽如人意。因而现代社会的效率主要体现在马上执行方面，很多人在工作中一旦遇到难题，首先就决定等一等，等到时机合适或者条件成熟，再着手去解决问题。

实际上，解决问题的好时机转瞬即逝，在一味的等待中，我们非但不能把问题解决得更好，反而会贻误解决问题的最佳时机，使问题变得更麻烦。不得不说，工作上的等待实际上是在逃避责任，要知道这个世界上没有任何事情能够做到绝对完美，所以与其为了追求完美而无限拖延下去，不如当机立断去做，从而在做的过程中努力提升和完善自己。

1861年，美国爆发了内战。当时担任总统的林肯非常着急，只想找到一位将军马上率领大军去平息内乱。然而，他更换了四位统帅都没有找到一个最合适的人选，因为这些统帅总是找出各种各样的理由不想立即执行林肯的命令。最终，林肯找到了最合适担任这项任务的人，他就是大家所说的酒鬼格兰特将军。听说林肯要任命格兰特率领大军去平息内乱，很多人都表示反对，但是林肯对格兰特的评价非常高，甚至愿意送给格兰特他爱喝的酒。他认定格兰特就是最合适的人选，这是为什么呢？

格兰特和其他四位将军有什么不同呢？第一位将军面对林肯的任命，说要先封锁局势，等到合适的时机再决定是否发兵。第二位将军说要把部队变成一个凝聚力超强的整体，然后才能够对敌人展开行动。第三位将军说必须把部队武装到牙齿，才能对敌人展开行动。第四位将军说只有拥有百分之百的把握，才能对敌人出击。不得不说这四位将军的回答都有一定的道理，然而他们的回答并不是林肯想要得到的。他们的潜台词都是他们无法对这件事情负起责任，所以只有等到万无一失的时候才能做出实际的行动。然而什么时候才能算是万无一失的时候呢？也许将军们能等，但是动荡的局势绝不能等。

最终，林肯毫不犹豫地把他们撤掉，坚定不移地选择了格兰特，只因为格兰特的回答是“既然我们没有准备好，那么敌人也一定没有准备好，所以现在就是最好的时机，机不可失”。就因为这个回答，格兰特被林肯总统任命为北军司令。哪怕别人再怎么反对，林肯也没有动摇自己的想法。因为在林肯心中，格兰特将军才是勇于承担责任的人，才是敢于执行命令的人。

一个人即使能力再强，如果总是瞻前顾后，不愿意发挥自己的能力，那么他的能力也是没有价值的。同样的道理，即使你自身有超强的能力，但却总是畏缩不前，不愿意发挥自身的能力去开拓与众不同的人生，那么你也就辜负了自己的能力。每个人都有自身的责任需要承担，虽然这需要面对巨大的压力，但是只要我们正确对待责任，拥有执行力，那么就能够把责任转化为源源不断的动力。这里所说的责任，并不是别人强加于我们的责任，而是我们主动承担起来的责任。只有这样，我们才能最大程度激发出自身的潜能，不把巨大的压力作为逃避人生责任的借口。记住，一个人只有勇敢地承担起艰巨的责任和任务，才能让自己距离人生的目标和理想越来越近。

## 寻找真实的自我，激发无穷的能量

在生活中，许多退却者都不敢追求成功，原因并不是追求不到成功，而是他们在还没有开始追逐之前就在心里默认了一个“高度”，这个高度常常暗示自己：成功是不可能的，这个是没办法做到的。“心理高度”成为他们无法取得成功的根本原因之一，自我设限是一件很悲哀的事情。所以，我们要将成功的信念注入血液之中，不断地告诉自己“我能行”“我努力就一定能成功”“我是最优秀的”，不断增强自信心，勇于向成功奋进。如果你不逼自己一把，那你根本无法想象你有多么出色。

对自己的怀疑，常常会让我们失去成功的机会，或是让我们放慢前进的脚步。普朗克对自己的怀疑，使整个物理理论停滞了几十年。所以，任何时候，都切莫怀疑自己，而要努力、勇敢地证明自己，这样我们才有可能站在成功的顶峰之上。

我们应该永远记住一句话：你比自己想象中更优秀。因为我们每个人所拥有的潜能都是无穷的，我们所展现出来的只是九牛一毛，还有更多的潜能等待我们去挖掘。相信自己，多给自己一份肯定，自己永远比想象中优秀一点，这样，你才会成功地挖掘出自己的潜在价值，从而使自己变得更优秀。

许多退却者不明白自己的价值所在，他们也不知道自己到底具有多大的潜能，所以，谁也不知道自己到底会有多么强大。事实上，一个人的价值有时候是显性的，但在很多时候都是隐性的，而在每个人的身体里，都蕴藏着巨大的能量，这就是我们的价值所在。只要我们勇于去寻找真实的自我，激发出自己无穷的能量，就能够彰显自身的价值，这会让我们人生的每一刻都过得精彩。

# 第三章

## 信念坐镇，让你少走一些人生的弯路

人生旅途中，我们常常为了理想，为了人生价值，为了生命的精彩而奋斗，人的信念是不可或缺的。当心中有了信念，我们才慢慢学会承担，学会坚强，信念如一颗璀璨明珠，在阳光下熠熠发光，也可以在黑夜里闪闪发亮。

## 信念是基石，是稳当当的泰山

前文中，我们就曾说过信念的重要作用，在这里，我们来探讨一下信念是如何为人生开路的。很多时候，我们对于人生的态度都未免有些消极，觉得有很多事情都不可能实现，结果就在我们产生质疑且始终犹豫不决的时候，有的人做了，而且成功了，因此我们感到紧张不安，也很懊丧：为何我当初就没有去做呢？为何我就不能和别人一样坚持做下去呢？的确，你为什么不能和别人一样呢？你甚至比别人更优秀，那么别人能够做成的事情，你为何就不能做成呢？这是因为你比别人缺少了信念。

信念具有强大的力量，信念可以创造奇迹。对于人生而言，信念是基石，也是稳当当的泰山。如果没有信念在人生中坐镇，很多事情我们都会轻易放弃。正是因为有了信念的支撑，我们的人生才会傲然屹立，我们的生命才能创造奇迹。因此，不管是面对生活，还是面对工作，我们都要有信念，才能让自己更好地面对人生，也才能更加从容地面对未来。记住，人生没有回头路可走，也没有彩排的机会，在人生的旅程中，我们只能坚持一条路走下去，而不要想着半途而废，更不要想着自己还可以转弯。当一种方法不能取得很好效果的时候，我

们就要尝试其他方法，这样的人生才会更加精彩和充实。

高中毕业后，她没有考上理想的大学，就连不理想的学校也差很多分数。妈妈不忍心让她下地干活，就为她四处托人找关系，把她送去村里的小学当民办老师。但是，她显然不是当老师的材料，才给孩子们上了几天课，就被孩子赶下讲台。原来，孩子们都听不懂她讲课。她感到很沮丧，大学没考上，连教小学生都教不了，为此她很灰心地问妈妈："妈妈，我是不是做什么都做不好？"妈妈对她说："没关系，有的人适合做这个，有的人适合做那个。你既然不适合当老师，就去尝试干点儿别的工作。"

后来，她进入村子里的砖厂当会计。原本，她是打定主意要把这份工作做好的。但是，因为她太较真，把账目算到每一分，结果砖厂里的各级干部都对她有意见，没过多久，她砖厂的工作也干不成了。此后的日子里，她还当过清洁工、纺织女工，在鞋厂、服装厂都干过，但是都只干了很短的时间就结束了。她万念俱灰，觉得自己注定一事无成。这个时候，又是妈妈鼓励她，让她尝试着写小说。她上学的时候文笔就很好，如今又多了一些生活的阅历，因此写起小说、散文都很顺畅。她开始投稿，并且把小说在网络上连载。结果，她的粉丝越来越多，在坚持了半年多之后，居然有一家出版社主动联系她，要为她出版小说。她受宠若惊，答应了出版社的一切条件，就这样摇身一变成为一名作家。此后的日子里，她一发而不可收，把文章写得非常好，也吸引了众多忠实的粉丝。

她也许不适合做很多事情，但是她却适合写小说。兜兜转转这么久，她原本对于人生都有些失望了，却在妈妈的鼓励下，成为一名靠着文字生存的才女。不得不说，每个人都是有天赋的，重要的是要发现自己的天赋所在。就像摩西奶奶在一生之中的大部分时间里，都与绘画无缘，而直到76岁那年，她才因为偶然的原因拿起了画笔，从此进入人生中最为辉煌璀璨的时光，成为举世闻名的大画家。不得不说，人生总有固定的轨迹。此时此刻，我们误以为自己正在轨迹上，有一天却发现自己原来走了偏路。

每个人都不可能一蹴而就获得成功，在觉得人生艰难的时候，不要抱怨，不要沮丧，而是要持续地努力进取，这样才能通过不断的尝试找到最适合自己的人生道路。人生，是急不得的，正如人们常说的，心急吃不了热豆腐，只有保持耐心，勇敢无畏地面对人生，细致用心地经营人生，我们才能获得人生的丰厚馈赠。

## 梦有多大，舞台就有多大

人们常说“梦有多大，舞台就有多大”，这就是信念的力量。任何梦想和信念，只有在屹立不倒的情况下，才会产生作

用，才会指引我们走向胜利，这就是信念的力量。现代社会，很多年轻人，没有经历过社会的洗礼和锤炼，对于失败和成功并没有多少概念，但从现在起，你必须认识到信念的力量，那么，在未来的生活、工作中，即使你遇到挫折，你也会懂得在陷入困境时，点燃自己手中仅有的信念的“火种”，去战胜黑暗、摆脱困境，为自己带来光明。

稻盛和夫说：“成功的基础是强烈的愿望。也许有人认为这种说法不科学，是单纯的精神论。但是，不断地想，不断地去思考，我们就将在头脑中‘看得见’即将实现的现实。”

稻盛和夫在他的《活法》一书中也说道：“不仅仅是一而再，再而三地产生某种强烈愿望，希望这样或是希望那样，而是在大脑中反复进行模拟实验，心中推演种种迈向成功的过程。这就像象棋手，每走一步都要慎重推敲，思考上万种棋步，一次又一次地在大脑中模拟演习达到目的的过程，不达目的的棋步就从棋谱里消去。如此锲而不舍、反复思考，成功的道路就好像曾经走过似的‘逐步清晰’了。那些只出现在梦想里的东西逐步接近现实，不久梦境与现实的界限消失，似乎已成现实。实现的形态、完成的形态都能在头脑中或在眼前清晰地显现。”

当然，任何信念，如果单纯停留在想象上，是没有任何意义的，如果不把这种抽象的意向转化为现实的行动，不进行深思、不认真开展活动，那么创造性的工作以及成功的人生不会

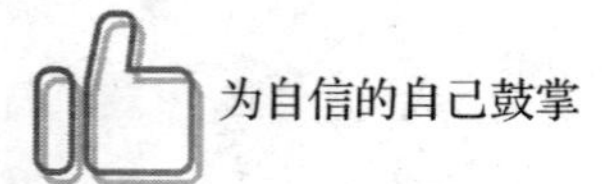


不请自来。

的确，初入社会的年轻人，有时候也是软弱的，可能你们一件事情还没做，便去考虑失败后的结果，这样必然会导致内在潜能得不到充分的调动与发挥。要避免与摆脱这种心理上的失衡，就必须时时表现出一种强者的风范，敢于面对困难与挫折，并始终怀着必胜的信念去克服并战胜困难，坚定不移地朝着成功的目标迈进。因而，有意识地培养自己的“强者”意识，可以说是度过心理危机的良方。

可能也有一些年轻人，一直以来，他们都是在父母的呵护甚至是溺爱下长大的，对失败和挫折的承受力有限。有时候，一次生活上的挫折或事业上的失利，就会使得他们一蹶不振，甚至放弃信念和理想，他们看到的是最终失败的结局而不是成长的过程，在这种错误观念的支配下，他们又怎么能过五关斩六将，最终赢得成功呢？

信念是一种无坚不摧的力量，当你坚信自己能成功时，你必能成功。许多人一事无成，就是因为他们低估了自己的能力，妄自菲薄，以至于缩小了自己的成就。信念能使人产生勇气，成功的关键，是建立自己的信心和勇气。

每个年轻人，都应该从稻盛和夫的成功中感受到信念的力量，那么，从现在起，开始为你的信念奋斗吧。首先，假想你现阶段的目标已经实现，以此获取良好的心理状态，这样，反过来，当你在追逐目标的过程中，即使遇到了各种困难，也

会因为自我造就的心理成就感而朝着成功的目标迈进。其次，要给自己打气，坚定自己的信念，任何时候，都要自己给自己打气，确信自己的看法。心中默念：我想我可以，我可以坚持做好。那么，你就能一直以良好的状态达到目标。在这个过程中，需要一直有必胜的信念引领你前进。

## 挣脱心中的囚牢，从而让人生崛起

一个人如果只有自信，也许会在人生中做出伟大的决定，但是要想把这份决定推行下去变成现实，除了要有自信之外，还应该有坚定不移的信念。美国举世闻名的学校哈佛大学的一位校长曾经说过，每个人只有拥有信念，才能爆发出人生源源不断的力量。由此可以看出，信念的力量是非常强大的。对于人生而言，信念就像是一粒种子，在合适的条件下就能生根发芽。很多朋友都曾见识过种子的力量，走在环境残酷的野外，随便掀起一片瓦砾，就会发现瓦砾下有一颗种子正在发芽。为了适应恶劣的生存环境，种子的嫩芽不得不努力弯曲身体，向着光的方向生长。这就是种子带给人们的震撼，一个拥有信念的人也如同拥有力量的种子一样，哪怕面对人生的困境和绝境，也绝不因此而感到恐惧，更不会因此而完全放弃对人生的努力。他们总是坦然面对人生的挑战，拥有顽强的意志力，采取各种方式，竭尽所能地完成人生的理想。

人生的确是需要力量的，正如人们常说的，人生不如意十之八九。没有任何人能够在人生中做到完全顺遂如意，每个人都会遇到各种各样的坎坷、挫折和磨难，也会遭遇不公平的对待。在这种情况下，越是艰难坎坷，越是要坚定不移，怀着信念在人生的道路上勇往直前。唯有如此，我们才能帮助自己熬过最难熬的阶段，也才能给人生更好的交代。

正如前文所说的，在这个世界上并没有真正的绝境，很多时候并不是客观的环境太过于艰苦，而是因为我们的内心陷入了绝望。所以我们才会变得沮丧绝望，看不到任何希望。在这种情况下，我们一定要在心中种下信念的种子，让这粒种子生根发芽，驱散内心的阴霾和恐惧，让自己充满力量，让心中绿意盎然。唯有如此，我们才能走出一望无际的人生沙漠，走到人生的绿洲之中，也让生命绽放。很多人的行动都是在信念的指引下进行的，恰当的行动使人们能够如愿以偿地走向成功。正是在这样的过程中，人们不断地接近人生的目标，也高举信念的火把，为自己照亮前路。哪怕周围一片暗淡，我们也可以在火光的照耀下，奔向人生既定的目标，从而不断前行，让人生拥有不一样的探索和发现。

很久以前，有一个探险家带领的探险队进入了沙漠腹地，他们很快吃完了所有的食物，喝完了所有的水。每个人都饥肠辘辘，口渴难忍，但是却看不到沙漠的边缘在哪里。因为一场

突如其来的沙尘暴，他们还迷失了方向，这样一来，想要走出沙漠更是成为不可能的事情。队伍之中，有人变得颓废沮丧，甚至开始拿出笔和纸来写遗书。这个时候，作为队长的探险家感到非常焦虑，思来想去，他终于想出了一个好办法。队长决定用这个办法带领全队人找到活下去的生机。

探险家拿出一个很大的军用水壶，对着全队的人晃了晃，说："这里只剩下最后的一壶水。如果有人有危险的情况，就用这壶水来救他的命。但是在没有走出沙漠之前，只要没有意外的情况发生，我们必须坚持，而不能动这壶救命的水。"在队长的解释下，虽然大家都明白了这壶水是不能喝的水，但是明显感到精神振奋起来。他们从感到绝望变得充满希望。他们甚至不担心自己因为干渴倒下，因为毕竟队长还有那么大的一壶水呢！为了让队友们感受水的重量，队长还让队员们传递这个巨大的军用水壶。每个队员拿起这个沉甸甸的水壶，都觉得心里充满了希望。他们似乎觉得人生也有了保障，最终在三天三夜之后，队员们终于齐心协力相互帮助，走出了沙漠，也彻底远离了死神。大家全都高兴地抱在一起哭泣，这时候有一个人突然拿起水壶拧开壶盖，这才发现水壶里装满了沙子，根本没有一滴水。原来，探险家队长正是用沙子冒充水，让队员们燃起对生的信念和希望，从而让队员们对人生有更加深刻的理解和感悟。

如果没有这壶水，当一个队员因为绝望而倒下之后，必然有更多的队员倒在他的身后。幸好探险家想出了这么一个好办法，用满满一壶的沙子，点燃了所有人心中对生的希望，也带领所有人走出了沙漠。在中国古代，曹操也曾经用过望梅止渴的方式带领部队不断地奔袭向前，最终摆脱缺水的危机。同样也是树立坚定不移的信念，让士兵拥有伟大的力量。强大的信念能够激发人的巨大力量，一个人要想获得成功，就必须有信念，否则就会在人生中迷失方向。尤其是在遇到困难的时候，我们更应该怀着积极的态度去寻找解决问题的方法，而不要一味地沉浸在困难之中，让自己悲观绝望，无法自拔。只有在一无所有的时刻，我们才能够勇敢地激发出内心的力量，战胜内心的软弱，挣脱心中的囚牢，从而让人生崛起。

总而言之，信念对于人生是非常重要的。不管什么时候，我们可以缺少很多东西，唯独不能缺少信念。每个人都必须为人生树立坚定不移的信念，才能在伟大力量的支撑下不断地在人生路上前行，也最大限度地接近成功，直到获得成功。

## 逆境放弃你，也别自我放弃

罗勃特·史蒂文森说过："不论担子有多重，每个人都能支持到夜晚的来临；不论工作多么辛苦，每个人都能做完一天的工作，每个人都能很甜美、很有耐心、很可爱、很纯洁地

活到太阳下山，这就是生命的真谛。”是的，生命是美好的，只是每个人看待事物的心境不同罢了。很多人遇到挫折或磨难时，总是会失去生活的信念，轻易放弃，甘愿堕落，但是他们却不知车到山前必有路，只要自己努力去改变，希望其实就在不远处，人们所经历的一切只不过是对自己的磨炼罢了。所以说，不论何时，不要轻易说放弃，相信大家应该都明白：成功者决不放弃，放弃者绝不会成功。要想拥有自己的一片明朗天空，靠的是自我努力，而不是自我放弃。

丽莎和艾文是一家大公司的职员，可是有一天公司传来打算裁员的消息，在名单中，出现了丽莎和艾文的名字，按规定一个月之后她们必须离岗，当时她俩的眼眶就红了。

次日，她们来到公司，收到被裁员的消息之后，两个人心里还是很不舒服的。丽莎的情绪仍然非常激动，跟谁都没有什么好神色。可是丽莎不敢找老总去发泄，只能跟主任诉冤，找同事哭诉：“为什么是我？我一直尽职尽责地工作，公司这样对我真的是太不公平了。”

丽莎声泪俱下的样子，人们看来也是非常心酸，可是又不知如何安慰她，而丽莎也只顾着到处诉苦，以至于对她的分内工作：传送文件、收发信件等都不再过问了。

其实丽莎一直以来都是一个很不错的同事，平时和大家相处得也很好。可是最近消息下来之后，丽莎活脱脱变了一个人似的，整天气愤抱怨，许多人都开始有些怕和丽莎接触，躲着她，后来就有点厌烦她了。

艾文和丽莎的心态却截然相反，在裁员名单公布的当天晚上艾文泣不成声，但是想了一夜之后，她的心态有所转变，她觉得事情已经成了定局，不如欣然接受，她就和以往一样地工作了。由于大家都不好意思再吩咐艾文做什么，艾文便主动向大家揽活。面对大家同情和惋惜的目光，艾文表现得非常淡然，她总是一笑带过说："事情就这样了，没办法挽回还不如欣然接受，抱怨也没用，只是浪费时间和精力，与其这样还不如干好最后一个月，以后想干恐怕都没有机会了。"每天，艾文还是像之前那样勤快地打字复印，随叫随到，坚守在自己的岗位上。

一个月后，丽莎如期下岗，而艾文却被从裁员名单中删除，留了下来。领导当众传达了老总的话："艾文的岗位，谁也无可替代，艾文这样的员工，公司永远不嫌多！"

抱怨能改变什么？只不过会让身边的人反感，让自己一味地消沉。与其这样，还不如尽最大力量去改变自己，丰富自己。如果自我放弃，那么没有人能帮助我们。所以说，在我们身处逆境的时候，不要堕落；在我们痛苦不堪的时候，不要绝望；在我们迷茫彷徨的时候，不要丧失斗志，我们一定要一遍遍告诫自己："逆境可以放弃我们，但是我们却不可以放弃自己。"这是对自己的鼓舞，更是对自己尊严的敬重。

# 鼓起信心和勇气，把握好人生

心理学家曾经研究证实，很多人的天赋都相差无几，而在人生之中，之所以有的人收获满满，而有的人却总是与失败纠缠，实际上都是因为后天努力的程度以及对待失败的态度不同导致的。不得不说，很多人的失败都与自卑有着密不可分的联系，假如他们能够鼓起信心和勇气，说不定就能把握好人生，也不至于因为人生的小小挫折就觉得无力承受。

有段时间，英国一个姑娘引起了很多人的注意。通常情况下，大家在网上晒照片，都是晒自己的美丽，但是这个姑娘却把自己只穿着泳装的肥胖身体放在网上自嘲："我真的很勇敢吧？"出乎她的预料，因为她的勇敢自信和对生活的热爱，很多人都成为她的粉丝，都大力支持她。在短短的时间内，就有六万多人点赞这张自曝其短的照片，也有超过五万的网友转发这张"勇敢的照片"。对此，那个姑娘说："我不想因为一身赘肉而把自己关在家里，也不想因此而放弃享受海滩的快乐。我不管别人怎么想，我只想让自己变得更高兴。"那些粉丝听到这番话，更加力挺这个虽然很胖但是却非常快乐的姑娘。不得不说，人性尽管有很多弱点，但是追求真善美还是最强力的潮流。

遗憾的是，在我们身边，能够和这个姑娘一样勇敢自信的人少之又少。太多的人活在他人的眼睛里，一旦感受到他人异样的眼光，他们就会觉得浑身不自在，甚至恨不得找个袋子把自己装起来，从而避免受到他人的品评。有几个胖人能像这个姑娘一样豁达潇洒呢？大多数胖人总是觉得心堵，甚至觉得自己愧对于人。当然，除了肥胖之外，还有很多因素都会导致人们自卑，例如身材矮小、皮肤黝黑，或者家庭穷困，以及性格孤僻等。总而言之，对于一颗自卑的心而言，一切事情都能引发自卑，导致对自己的否定。因而，并非人生的道路太狭窄，也并非他人的眼睛太毒辣，最重要的在于我们自己要心怀信念，才能走好属于自己的人生之路。

小徐来自偏僻的农村，起初，因为自己能从农村考入大城市的大学，他觉得非常骄傲和自豪。然而，等到真正开始大学生活，他才感觉到压力如影随形。那些城市里的同学，一个个衣着光鲜亮丽，而且花钱大手大脚，而小徐穿着土气的衣服和妈妈亲手做的布鞋，简直成为校园里一个不和谐的音符。原本，小徐在学习上还占有优势，但是和同学们相处之后，他才发现自己的知识面很狭窄，甚至有的时候同学们谈论新鲜的事物，他都听不懂。渐渐地，同学们也不爱和他交流了，他觉得更加苦恼。其实，只有小徐自己鼓起信心和勇气，才能不活在他人的眼光里，而把精力放在提升自己的能力上。

# 第四章

## 摆正心态，人生的每个时期都不会白白经历

人生就是一个过程，一个追逐梦想的过程，在这个过程中遇到挫折和失败也是在所难免。但是，不管多么大的挫折失败，也不过是人生中的一次经历而已，绝不是整个人生。所以，请摆正心态，人生的每个时期都不会白白经历。

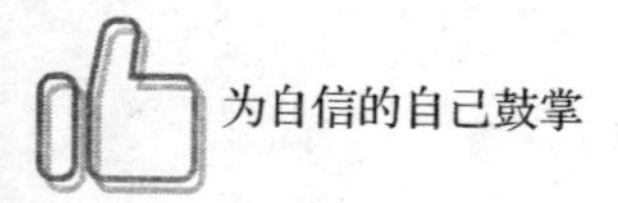



# 人生的每一段经历都不会白白经历

人生中没有任何一段经历是无用的，也许那些让我们悔不当初的事情，等到经历过后再回头去看，我们就会发现这些经历对于人生有着与众不同的意义。最重要的在于我们要坦然接受这些事情的存在，要勇敢地迎接这些事情的到来，而不要总是怀着排斥与对抗的心态与自己较劲，否则就无法从容地享受人生，也无法让人生得到成长和提升。

如果问大家是否曾经有过让自己后悔的事情，相信每个人都会点头说是。这是因为人总是贪心的，对人生有太多的欲望和太高的要求，因而在面对人生的时候总是不断地沉沦下去。假如人们对于人生有太多的抱怨，就只能看到人生中不如意的地方。反过来，如果人们能够调整好心态，看到人生对自己的馈赠，那么他们也就能够更加积极乐观地面对人生，从而让人生变得充实而又快乐。

众所周知，这个世界上并没有后悔药，很多时候我们会在情急之下做出让自己懊悔的举动，冷静下来以后并没有机会去改正。这样一来，我们唯有不断地砥砺前行，承受一切的责任和后果，才能更加从容面对人生。既然如此，我们当然没有必要陷入无尽的懊悔之中。人生有三天，昨天，今天和明天。毋

庸置疑，昨天已经成为不可改变的历史，已经成为完全定型的过去，而今天才是我们真正能够把握的一天，也是人生中此时此刻正在流淌的唯一的一天。一个人，如果憧憬美好的明天，就必须过好今天，才能让今天为明天铺垫基础，否则，如果我们在今天懊悔昨天，那么非但无法改变昨天，也会因为错过今天而导致明天变得更糟糕。所以后悔是这个世界上最无意义的事情，与其花费宝贵的时间和精力去后悔，还不如让自己振作起来，立志反思，从而不断提升和完善自己，让自己变得更强大。

大学毕业后，小梦回到家乡，从事着最普通的工作。因为父母想让她留在身边，作为独生女的小梦从小就很孝顺，所以她没有坚持自己的梦想，也没有和同学们一样去大城市打拼。然而家里的生活虽然安逸，却稳定得令人乏味，每天三点一线的生活，让小梦觉得自己已经过上了退休后的日子。为此她很不甘心，也愤愤不平。然而，此时小梦进入了进退两难的局面，当初为了给她安排好工作，爸爸妈妈花费了巨大的人力和财力，四处托人找关系，现在如果再拍屁股走人，小梦觉得自己很对不起爸爸妈妈。如何才能让自己走得理所当然呢？小梦动起了心思。一个偶然的机会，同事给小梦介绍了一个男朋友，据说这个男孩在北京工作，而且很有才华。小梦几乎不假思索就同意了这门亲事，在还没有见到男孩的情况下，她就已经打定主意要借此机会离开家乡。

见到男孩之后，小梦觉得很失望，男孩身材瘦小，满头油

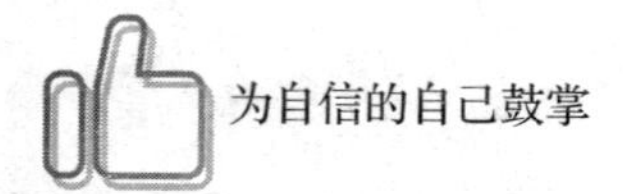


腻，脏兮兮的。尽管父母很反对，但是小梦很想离开现在的生活，为此她不顾父母的反对，选择了闪婚。一个月之后，男孩从北京回家过春节的时候，他们就举行了婚礼。婚礼结束后，婆婆让小梦继续留在家里工作，小梦却坚决表示自己要跟随着丈夫一起去北京。婆婆有些嫌弃地说："当初我们就是看上你有固定工作，才同意这门亲事的。"小梦也不甘示弱，说："当初要不是你儿子在北京，我也不会同意的。"除此之外，小梦还给新婚的丈夫做工作。就这样，婆婆终究拗不过新婚的小两口，小梦跟着丈夫去了北京。

到了北京之后，小梦才发现一切都与自己想象中相差甚远，这个男孩只是一个普普通通的包工头，根本不是名牌大学的毕业生。而且他生性邋遢，生活习惯很不好，不但抽烟喝酒，还弄得自己脏兮兮的。才在一起生活了半年，小梦就再也无法忍受，决定结束这段婚姻。离婚之前，小梦发现自己已经怀孕了，为了让这段婚姻彻底结束，小梦没有把这个秘密告诉任何人，而是独自去医院终止妊娠。这段失败的婚姻，让小梦遍体鳞伤，虽然她与那个男孩没有太深的感情，但是也对这段婚姻寄予了期望。离婚之后，小梦孤身一人在北京，无依无靠，四顾茫然。但是，她咬紧牙关不回老家，她发誓一定要在北京立足，要让自己活出个样子。

小梦学历并不高，只是大专毕业，因而找工作历经坎坷。在被人以招聘为名骗过，也经历了好几份不如意的工作之后，

小梦终于在一家房产公司找到了销售的工作。经历三年的奋斗，小梦以优异的业绩在公司立足。她不但拥有了好的发展前景，而且还攒够了钱付首付为自己买了一套房子。销售工作是很历练人的，如今的小梦和当初的小梦完全不同了。小梦始终坚持努力刻苦，终于遇到了自己的真命天子。她与那个优秀的男孩一见钟情，坠入爱河，并且走入了婚姻的殿堂。一年之后，小梦生下了一个白白胖胖的儿子，婚姻生活圆满幸福。每当回忆起曾经失败的婚姻，小梦坦然地说："如果没有那段失败的婚姻，也就不会有今日的我。所以我感谢那段挫折，也感谢曾经遭受的磨难。"

对于小梦而言，短暂的失败婚姻给她造成了很大的伤害，但是如果没有那段婚姻，她的人生也不会有今日的模样。所以小梦对此想得很开，也能够理智地面对自己。她知道人生苦短，唯有让自己经历更多，经验丰富，才能变得从容淡然。也许很多人的从容，都是在伤口结疤的基础上建立起来的，所以小梦很珍惜现在的生活，也从不抱怨以前的弯路。

每个人都曾经想拼尽全力回到过去，修补自己不那么完美的人生。然而，人生的每一段经历都不会徒劳无功，一个人虽然不能改变过去，但是却可以活在当下，把握未来。如果一味地沉浸在懊恼和痛苦之中，反而会错失人生中最好的机遇，也导致人生变得不可收拾。这个世界上没有真正完美的人生。很多朋友都曾经看过《蝴蝶效应》。在电影中，男主角一次又一次地选择回到过去，希望得到一个完美的结局，但是他尝试了很多次都无法避免糟糕的结果。为了保全所有人，他不得不在最后一次回到过去的时候把自己喜欢的女孩儿骂跑，因为只有这样才能避免最糟糕的结果。朋友们，人生就是由很多遗憾和缺憾组成的。如果你感恩现在的自己，就不要抱怨以前的自己，因为现在的你和以前的你之间有着千丝万缕的联系。没有以前的你，就没有现在的你，所以面对生活让我们遭遇的一切，我们应该始终心怀感恩，也要在疼痛中积累人生的经验，才能让自己在人生中不再迷茫。

## 做出最佳的选择，果断行动

有人说人生是一个不断接受改变的过程，其实，人生更是一个不断选择的过程。从我们呱呱坠地开始，我们就面临着选择。喝什么奶粉，穿什么衣服，在哪里照百天照，去上哪个幼儿园，就读哪所小学……这些事情，在我们还不能自主选择的时候，父母就为我们做出了选择。父母在做出这些选择的时候伤透了脑筋：在奶粉种类繁多的今天，他们千选万挑，只想找到一款对我们的健康真正有利无害的奶粉；随着学龄的到来，为了让我们不输在起跑线上，他们又绞尽脑汁地为我们联系最好的学校。在父母的精心选择中，我们渐渐成长，来到了美好

的少年时代，直至成长为青年。我们开始学会选择，想要为自己的人生负责。自主选择，为自己的选择承担责任，这大概是成年人与未成年人显著的区别之一。父母心惊胆战地看着我们在人生的道路上跌跌撞撞，想告诉我们什么是应该选择的，却知道碰壁和犯错是我们人生的必由之路。就这样，在父母的注视中，磕得头破血流的我们长大了。从此之后，父母不再干涉我们，不管什么事情，父母都会默默地支持我们。但是，我们并没有因为享有人生的自主权就恣意妄为，相反，我们变得更加谨慎，因为我们肩负着责任。我们必须选择好，才能少走人生的冤枉路，才能事半功倍，更快地获得成功。

直观地说，选择就是决定一个方向。就像走路，如果南辕北辙，永远也到不了终点，唯有选择好，再加上努力，才能尽快到达自己的目的地，由此可见，选择是多么重要。生活中，常常有人抱怨，觉得自己的运气太差，而羡慕别人的运气比自己好。其实，不是运气差，而是选择不对，一旦方向错误，你越努力，只能越偏离目标。当然，仅仅有正确的选择还是远远不够的，因为方向只在于起点，过程的推动力大小还要看我们的努力程度。

现实生活中，很多人有选择恐惧症，他们在选择的时候往往瞻前顾后，犹豫不决。究其原因，是因为在选择的过程中他们无法正确地取舍。要想做出最佳的选择，我们就要有一定的分析能力。凡事都有利弊，任何事情都有两面性，我们不可能既想得到，又不想失去。一分为二地看，任何选择都有得到和舍弃，不同在于，你更想得到一种怎样的结果。所以，我们在选择的时候就要确定，自己想要什么，同时必须舍弃什么。这样，在面对选择带来的结果时，才不会患得患失。

张刚和李强大学毕业后找了好几个月的工作，因为就业形势严峻，始终没有合适的意向公司。后来，一家小公司录取了他们，对此，他们很犹豫。张刚很有野心，并不想去一家小公司混日子。李强也是相同的想法，但是李强没有张刚有魄力，他很担心创业失败。他和张刚的观念完全不同，对于可能面对的失败，张刚总是说“没关系，我们还年轻，输得起”，而李强则说：“我们的资本那么少，怎么能经得起失败呢。”就这样，两个好朋友就此分道扬镳，张刚回到家乡创业，李强则留在小公司开始工作。张刚回到家乡后，选择了经营最热卖的母婴用品。他的成本很低，就在家里办公，找了个代加工工厂生产婴儿用的三角巾等。这些东西都是一本万利的，成本也许只有一块钱，但是却能卖到十几块钱。因为总价不高，而且显示出童真童趣，所以张刚的生意非常火爆。虽然每单只有几十块钱，但是每天都要卖出去几十单。如此三年过去，张刚不仅有了自己的加工生产厂，而且淘宝店也越开越火，每天都能卖出去上百单。而李强呢，在那家小公司三年了，公司一直没有得到很好的发展，所以现在的他过着和三年前差不多的生活，如今，他正准备辞职回家给张刚打工呢！

三年的时间，因为选择的不同，原本可以成为张刚合伙人的李强，现在却只能回去给他打工，这就是选择的重要性。很多事情，在做出选择的时候，我们不能瞻前顾后。如果三年前李强想清楚，即使创业失败，也无非就是再去找一份工作，像三年后的自己一样生活，那么他就知道，对于他们而言，没什么好害怕失去的。如今，张刚用三年博得了自己的潇洒人生，未来的他定然还会有更好的发展，而李强则只能选择跳槽，或者回乡给张刚打工，或者找另外一个公司继续发展。这就是选择的重要性，选择好，事半功倍；选择不好，只能一切重头再来，浪费宝贵的青春时光。选择的时候，我们先要深思熟虑，然后果断采取行动，这样才能抓住最佳契机。

## 完善自我，最终把困难踩在脚下

人生路上，我们不仅会遭遇困境，也会面对各种各样的困难。虽然人们常说困难像弹簧，但是有相当一部分困难都是很难战胜和克服的，我们轻描淡写的努力，根本无法战胜困难，为我们迎来美好的未来。所以，要想成为一个真正的强者，面对困难，我们就必须越挫越勇，从而不断超越和挑战自我，提升和完善自我，最终把困难踩在脚下。

人人都希望自己的人生一帆风顺，人人都不愿意遇到困

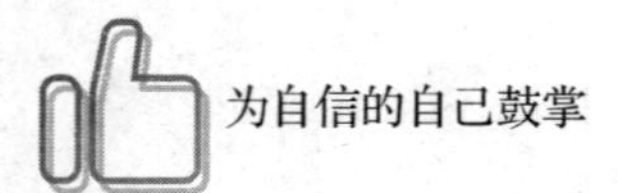


难，被困难阻拦住。遗憾的是，现实总是残酷的，很多时候我们越是逃避困难，困难就越是堵到我们的门口，让我们无路可走，无处可逃。在这种情况下，我们必须要更加鼓起勇气，以更强大的力量面对困难。

如今，全世界都能找到肯德基的店面，也能看到肯德基老爷爷微笑的面庞。然而，肯德基老爷爷的一生艰难坎坷，是在备尝艰辛之后才获得成功的。肯德基老爷爷叫山德士，他的家乡在美国印第安纳州。他六岁就失去了父亲，不得不和母亲相依为命。穷人的孩子早当家，为了帮助母亲分担养家的重担，他十二岁时就去了农场打工，此后，他接连做过很多工作，每一份工作都让他备尝辛苦。

四十岁时，山德士在肯塔基州开了一家加油站。看到加油站每天人来人往，川流不息，他灵机一动，决定顺便经营外卖食品——他独创的炸鸡。渐渐地，在人们的口口相传下，他的炸鸡越来越出名，甚至连州长都喜欢吃他的炸鸡。然而，随着战争爆发，他不得不关掉加油站，后来又因为建造公路，他的小餐厅也被关掉了。这样一来，山德士失去了自己苦心经营多年的一切，他变得一贫如洗。五十六岁的他无法仅仅依靠微薄的救济金生活，为此他决定推销自己的炸鸡配方。然而，他走遍了美国的每一个角落，在被人拒绝了1009次之后，才找到愿意买他炸鸡配方的人。从此之后，他又拥有了自己的餐厅，并且接二连三开了很多特许加盟店。不得不说，山德士的精神

值得我们每一个人学习。假如不是他勇敢地超越自己，挑战自己，他怎么可能以高龄重新创业呢！在接二连三的困难打击中，他始终相信自己，坚持克服困难，所以他的勇敢换来了他人生的成功。也许创业成功的人很多，但是这种历经艰难、始终不放弃而得到的成功，显得更加丰盈厚重，也更加闪耀着光辉。

现代社会，很多年轻人都越来越浮躁，正是因为缺少这样的精神。我们每次享受肯德基餐厅的美味时，也不要忘记从肯德基老爷爷的身上汲取精神的养料和食粮。朋友们，一定要记住，唯有在面对困难的时候越挫越勇，我们才能最终成为人生的赢家。

## 欢乐还是痛苦，看你面对人生的心境

在这个世界上，绝没有任何一件事情只有好处没有坏处，也绝没有任何一件事情只有坏处没有好处。正如古人所说，祸兮福所倚，福兮祸所伏。很多时候，福与祸是相互转化的，我们唯有端正心态，以辩证的观点客观进行分析，才能以正确的态度对待人生的福或者祸。其实，人世间的很多东西都是相对的，诸如没有丑的衬托就无所谓美，没有矮的衬托就无所谓高，没有短的衬托就无所谓长，没有窄的衬托就无所谓宽，当然没有失败也就无所谓成功。总而言之，我们的人生到底是幸福还是不幸，也取决于我们看待一切的观点和态度，取决于我们人生的底色。我们是欢乐还是痛苦，要看我们面对人生的心境。

当然，人生不如意十之八九，大多数情况下我们必须面对人生的不如意，才能坦然走过人生的坎坷逆境。但是，人生的不快乐并非天生存在，我们必须宽容而又客观地看待他们，才能客观公正，走出属于自己的人生之路。

古人云，不识庐山真面目，只缘身在此山中。在看待人世间的万事万物以及生活中的诸多事情时，我们一定要杜绝先入为主，而且要杜绝过于片面。一座山，一条河，从不同的角度看有着不同的美。同样的，一个人，一件事，从不同的角度进行分析，从不同的思路进行辨识，我们也会有不同的收获。很多情况下，我们常常因为一些不值一提的小事变得冲动，失去理智，甚至歇斯底里。殊不知，我们在做出冲动之举后，等到真正冷静下来时，一定会感到懊悔。正如老司机都知道，遇到红绿灯时，宁停三分不抢一秒。在人生中遭遇坎坷挫折，或者遇到不公正的待遇时，我们同样要给予自己时间冷静下来，恢复理智。

战国时期，有个老人住在边塞，专门喂马维持生计。很多来往边塞的人如果想买马，都要找这个老人买，日久天长，知道这位老人的人越来越多，大家都称呼他为塞翁。塞翁养了一大群马，有一天，他的马群里走丢了一匹马。当时，一匹马是非常贵重的财产，因而很多邻居得到消息都纷纷赶来安慰塞

翁。塞翁不以为意地笑着说："失去一匹马没关系，也许反而是好事呢！"听了塞翁的话，邻居们都觉得塞翁一定是因为心疼马，所以糊涂了。没想到过了几天之后，那匹丢失的马不但自己回来了，还带了一匹胡人的骏马回来。

平白无故得到一匹骏马，这当然是天大的好事，为此邻居们全都祝贺塞翁："老人家，您可真是有远见。看看吧，你非但得到了失去的马，而且还多得到了一匹骏马，这可是天上掉馅饼的好事情啊！"不想，塞翁听到邻居们的祝贺，丝毫不觉得高兴，反而忧心忡忡地说："平白无故得到一匹马，未必是好事情，也许会招致灾祸呢！"邻居心中暗暗想道："这个老头子，心中一定很高兴，面上却要伪装成这个样子。"

几天后，塞翁唯一的儿子骑着骏马去集市上炫耀，不想因为骏马受惊，导致他从马背上摔下来，摔断了腿。邻居们得到消息，又来安慰塞翁，塞翁却说："摔断了腿也未必是坏事，也许反而能够因祸得福呢！"邻居们同情地看着塞翁，都认为这个老头一定是因为儿子受伤伤心欲绝，所以才会神志不清的。没过多久，塞外的匈奴举兵侵犯，全村的年轻人都被征兵，派上战场，塞翁的儿子因为腿伤，得以留在家里，保全了性命。

塞翁失马，焉知非福。很多时候，我们对于人生有自己的独特感悟，但是却未必能够保持清醒和理智，客观公正地分析和评价人生。积极的人，哪怕是从失败之中也能汲取经验和教训，为自己接下来的成功铺垫基础。相反，消极的人哪怕面对积极的事情，也总是悲观沮丧，甚至抱怨不止，导致自己信心全无，根本无法勇敢面对人生。

任何时候，我们都要记住，事情没有绝对的好坏，而且事情的好坏是会相互转化的。我们必须要保持良好的心态，从而才能客观评价每一件事情，也才能保持内心的淡然理性。

## 真的勇士，敢于直面惨淡的人生

许多年前，对于鲁迅所说的“真的勇士，敢于直面惨淡的人生，敢于正视淋漓的鲜血”这句话，我是不能理解的。直到有所经历以后，我才明白，真正的勇士应当是热爱生命并会为了更好地生活下去而更加勇敢的。

生而为人，最大的困难、最悲惨的境地绝对不是濒临死亡，而是家徒四壁，连生存下去、好好生活都已变成了一种奢望。在这种情况下，仍然保持一颗忍耐坚持的心，不去与他人比较，不去怨天尤人，而是继续努力生活，这才是生命的勇者。

通常只有真正经历过“绝望”的人，才能真正体会生活的真相。造成绝望境地的情况有很多种，而“贫穷”可以说是最普遍的一个。最近大热的社交软件平台上有一则传播火爆、有接近100多万点赞量和3万多评论的短视频，视频内的内容很简单却令人心酸：市区内有一家珠宝店开业，为了拉拢人气，

烘托欢快气氛，店主找来了一位临时工，让他穿上厚重的玩偶服在店门口招揽客户。玩偶的形象是一只呆萌的恐龙，开业当天，人流量不错，在这只呆萌恐龙的吸引下，珠宝店门口更是聚集了一大波的人群。很多人都选择停留，驻足观赏这只呆萌的恐龙，店主为了让人气不要散去，命令这只“恐龙”不要停止摇晃，继续摆动。“恐龙”一刻不敢懈怠，即便自己头晕目眩，汗流浃背，踉踉跄跄险些摔倒。人们都为这只坚持摇摆的“恐龙”喝彩，人群中不断传来叫好的声音。而当这只“恐龙”脱下厚重的玩偶服的那一刻，所有人都惊呆了，“恐龙”的扮演者竟是一名头发已经花白的老大爷，他光着脚，萌萌的衣服和苍老的脸极为不搭，甚至显得有点滑稽可笑，但是那一刻，没有人能够笑得出来。而正当人们愧疚之余，老人却开心地笑了，只是因为他发工资了。耗尽了全身力气，顶着烈日和闷热换来的几十块钱，让老人心满意足地扬起了嘴角。没有人知道老人的家境如何，儿孙怎样，却可猜想老人的家境一定并不富裕。试想，若不是因为贫穷，谁愿意在这样的年纪，不去含饴弄孙、共享天伦，而是辛苦奔波？

贫穷从来不会因为你的年龄和身世而对你格外开恩，眷顾无比，它只会钳制着每一个人，让你明白活着并不容易。就像冈察洛夫曾经说过的：“生活中并非全是玫瑰花，还有刺人的荆棘。”而对于穷人来说，命运，便是那刺人的荆棘。但是，贫穷或许可以摧残生活，却永远无法磨灭活着的希望。

电影《阿甘正传》里面，有这样一段话：“生活就像是一盒巧克力，你永远不知道下一颗会是什么味道。”没错，生活对于我们每个人而言都充满了苦涩与无奈，但是，这世上如果只剩下一种真正的英雄主义，那便是认清生活的真相之后，还是选择热爱生活。而这世上也只有一种真正的坚强，那就是即便已经被贫困逼到了生死边缘，却还是选择顽强地活着。因为，坚强地活着，其实比任何选择都要勇敢，不是吗？

真正看透生活的人总是能够明白：贫穷这块巧克力，即便再苦涩，也要硬着头皮吃下去，含着泪吞下去，裹着血喝下去。因而，即便经历了诸多磨难，遭遇了人间悲剧，却依然选择坚强生活的人，其实最勇敢。网络上曾经有过很多关于“贫穷”“绝望”的讨论，有很多网友都得出了类似的结论：贫穷可以轻而易举地将人逼迫到失去理智。我们都说“穷凶极恶”，其实很多时候，只是贫穷太过咄咄逼人。人之初，性本善，这世上从没有无缘无故的恶，只有被生活击垮的善。贫穷就像是一记热辣的耳光，打在脸上，痛入骨髓。并在打完你之后，让你永生难忘。

很多时候，我们都会自嘲：“何以解忧，唯有暴富。”这话在一定程度上其实是没有错的。面对生活，我们各自有着不同的欢喜与悲伤，但是面对贫穷，我们品尝到的苦楚却是同一个味道。每每看到新闻上有关贫穷与绝望的报道，故事中的主人公不见得是我们，但我们每个人却都可以从中找到自己的影

子。我们都曾因为贫穷而去做一些自己并不喜欢的工作；我们都曾因为贫穷而苟活在别人的脸色之下；我们都曾因为贫穷而无奈愧对自己的孩子与父母。贫穷，甚至一度让我们忘记了理想，失去了梦想和远方。

但是，让人潸然泪下的是，曾经被贫穷和绝望逼迫过的我们，却从未真正放弃对生命的热爱，我们总是一边吃着生活的苦，一边又深深地热爱着生活。因为我们打从心底里相信：风或许可以吹倒一面墙，却吹不走一只有生命的蝴蝶。贫穷与绝境或许可以摧残我们的生活，却永远无法磨灭活着的希望。生活对于任何人而言，其实并没有值得探究的地方，而用力地活着，即便很辛苦却也用心地活着，便是生活的真相。所以，即便这个世界真的很薄情，也请深情地活着，做自己生命中的勇者。我们可以困于贫穷，却不能失去对生命的希望。

树立正确的人生态度，才能创造出美好的明天。生活中，人们常说“人生态度”一词，那么，什么是人生态度呢？人生态度，是指人们通过生活实践形成的一种稳定的心理倾向和基本意愿。人生态度，主要包括人们对社会生活所持的总体意向，对人生所具有的持续性信念，以及对各种人生境遇所作出的反应方式等，是人们在社会生活实践中所形成的对人生问题的稳定的心理倾向。

经营日本京瓷公司和DDI公司的稻盛和夫认为，树立正确的人生态度并始终贯彻执行，是现在对我们的最大要求。只有这样才能使我们每一个人的人生走向成功和辉煌，同时也使人类走向和平和幸福的王道。

这是稻盛和夫给所有追求成功的年轻人的忠告。诚然，年轻一代，应该有理想、有抱负，但无论如何，都应以树立正确的人生态度为前提。年轻人刚刚踏上人生的漫长路程，美好的明天有待于创造。年轻人的人生观正处在形成时期，人生的基本态度还没有完全确立。如果不注意培养正确的人生态度，或者树立起错误的人生态度，将会影响自己的一生。只有树立起正确的人生态度，才能使自己走好人生道路上的各个阶段，才能使自己在复杂的社会之中，正确处理各种矛盾，战胜各种困难，创造美好的人生。

其实我们不难发现，即使在今天，也有一些人，他们原本一直都是走在一条正确的人生道路上，但却禁不住诱惑，为自己埋下了毁灭的炸弹。这种错误的人生态度一旦蔓延到民族或者人类这一大群体上，就会产生严重的后果。

正如稻盛和夫所言："近年来，我担心人类迷失了正确的前进方向，或者错误地使用了'智慧宝库'赐予的智慧……"稻盛和夫认为，追求正确的人生态度和人类应有的状态已经不是我们个人的问题了。为了把人类引向正确的方向，把地球从走向毁灭的道路上拯救出来，现在我们每一个人都必须重新审视自己的"人生哲学"。

其中，要面对自己比他人更为坚苦的人生，并不断严格要

求自己，这是不可或缺的。努力、诚实、认真、正直……要严格遵守这些看似简单的道德观和伦理观，并把它们作为自己的人生哲学或人生态度不可动摇的基础。

树立正确的人生态度和人生哲学并始终贯彻执行，是现在对我们的最大要求。只有这样才能使我们每一个人的人生走向成功和辉煌，同时也是人类走向和平和幸福的王道。如果你能把这样的活法当做人生指南我就不胜荣幸了。

那么，什么是人生态度呢？人生态度就是对待人生的心态和态度，就是把人生看作什么。它是人生观的主要内容，也是人生观的直接反映和体现。它的中心是“人究竟应该怎样活着”的问题。不同的态度产生不同的人生和价值观。比如，游戏人生还是有所作为、努力争取还是听天由命、善待生活还是得过且过，都是不同人生态度的反映。

总之，任何一个年轻人都应该认识到，树立正确的人生态度，对于人的一生有着十分重要的意义。人生态度，表现在人们怎样对待人生所遇到的每一个具体问题上，关系着人们在每一个具体问题上得到什么结果。人们对待人生的每个具体问题的态度不尽相同，在人生的每个阶段上的态度也有所不同，但是，一个基本的人生态度始终贯穿在其中，决定着人的一生。

由此看来，一个人如果没有正确的人生态度，他不仅会在处理具体问题上失败，他的一生也不会有一个好的结局。树立起正确的人生态度，不仅可以使人们处理好人生道路上的各种具体问题，走好人生道路上的每一步，而且可以使人们几十年如一日，走出一条美好光明的人生历程。

## 熬过艰难的时光，成就更完美的自己

在成长的道路上，人有趋利避害的本能，每个人都希望自己得到更多，而付出更少，然而，这样的好事情是很难见到的。人生中，不如意是常态，我们常常会遭遇坎坷，只有非常坚持和努力，熬过那些艰难的时光，我们才能从绝境中挣脱出来，成就更完美的自己。

现实生活中，人与人之间并不能做到绝对的平等。例如，有的人不但有显赫的家世，自身也非常努力，而有的人虽然家境普通，却很有天赋。和这两类人相比，那些既没有家世也没有天赋的人，就会显得很被动，也常常会对自己的成长产生焦虑疲惫的情绪。其实，从根本上而言，一个人不经历就无以成经验。任何时候，我们都要积极地去经历人生中的很多事情，也要更加用心地面对生活，才能在人生中有更美好的成长。还需要注意的是，人生总是由各种经历组成的，越是觉得人生坎坷，境遇崎岖，我们越应该努力坚持。如果遇到小小的困难就退缩，遭遇挫折就胆怯，我们会一事无成。

人是群居动物，每个人在这个社会群体中生存，都需要做

更多的事情，才能真正证明自己，成就自己。偏偏有很多人，面对人生的困厄，内心充满迷惘和困惑，并且认为人生有太多的被动和困境。实际上，人生不如意十之八九，不如意就是人生的常态，我们每个人都要非常认真和用心体验，才能在经历之后成长起来，走向成熟。

尽管人要在社会之中生存，也需要做好很多事情才能成长，但是人生的很多选择和决定，还是要由自己做出。例如，有的人常常会在人生之中感到迷惘，也总是在面对人生的时候内心感到惶恐不安。实际上，对于每个人而言，只有自己做出选择，才能为选择负责，也才能在人生的诸多道路中有更好的发展。还记得北大毕业生回家乡卖猪肉的新闻吗？在当时，这个新闻可是引起了轩然大波，也有很多人为此展开了热烈的讨论。有人说北京大学毕业却去卖猪肉，那还不如高中毕业直接卖猪肉，省得这么辛苦学习了呢！也有人说，北大毕业生去卖猪肉，简直是给父母的脸上抹黑。还有人说，这是作秀，是为了出名。然而，时间过去这么多年，当年那个卖猪肉的北大毕业生已经创造了自己的奇迹。他拥有一百多家猪肉连锁店，每年的营业额都有两亿多。周围人都称呼他为“猪肉大王”，不得不说，这个北大才子卖猪肉的确很有策略，也很有战术啊！他的成功告诉人们，三百六十行，行行出状元，卖猪肉也能卖出成绩来！

尽管人们常常把行业不分贵贱挂在嘴边，但是在现实中，还是有很多人会把一些行业看得很低，也会情不自禁对这些行业有看法，有误解。要想真正让自己在普通的工作和事业中获得成长，我们就要端正心态，把很多事情都做好，这样才能在成长的过程中坚持前行。古往今来，那些能够取得成功的人，都是可以把别人的质疑放下的人。而那些总是与成功失之交臂的人，就是因为他们面对成功，不知如何调整好自己的心态，也不知道怎样才能全力以赴做好自己该做的事情。他们面对别人的评价、议论和质疑时，无形中就怯懦了，放弃了。不得不说，这对于人生而言是非常糟糕的。

古人云，十年磨一剑，这句话也从侧面告诉我们要想把一件事情做成功，需要付出很多辛苦和努力。每一个成功者，也许有着天时地利人和等各个方面的条件，却更加需要内心笃定和从容。尤其是在如今的时代里，万事万物发展的速度都很快，很多人的内心深处都充斥着各种各样的欲望，这时就更要笃定自己的内心，不要因为急功近利最终失去进步的空间，而是要更加努力从容，做好自己该做的事情，才能积少成多。西方国家有句谚语，罗马不是一天建成的。在生活中，也常常会有人说，胖子不是一口吃成的。因此，我们一定要摆正心态，人生中的很多事情都要全力以赴去做好，虽然要拼尽全力，却要顺其自然接受结果的到来，这样才能让自己拥有好心态，也才能在人生中积累更多。

# 第五章

## 做好自己，然后再去创造理想的生活

人生就好像一出戏，不同的人在人生舞台上扮演着不同的角色，有人活得精彩是因为他做的就是自己，有的人很累是因为他在模仿别人。人生只有一次，好好地活下去，那就做好自己，然后再去创造理想的生活。

# 你一定会幸福的，和完美与否无关

这个世界上有绝对的完美吗？大多数人都认为有，并且以完美为标准去要求很多人、很多事情，当然，也用来要求自己。然而，你真的能够达到完美吗？其实，世界上根本没有绝对的完美，就像任何事情都有利有弊一样，所以，我们常常追求完美而不得。这样的痛苦，使我们开始质疑自己，把自己折磨得苦不堪言。

生活中，有完美情结的人往往生活得很痛苦。记得很久以前读小学的时候，我几乎每天都要做的事情就是撕掉作业本的某一页。为什么呢？因为我觉得如果这一页有字写得不够好看，或者写错了，就会破坏了作业本整体的完美。结局是什么呢？结局是我的作业本用到最后，只剩下封面和封底，偶尔里面会有最后一页作业纸，依然不尽如人意，这就是追求完美的结果。既然完美的东西不存在，那么唯有毁灭，才能让我们追求完美的永生，但是，这个方式并不适合成年人的生活。你觉得自己的鼻子长得不好看，或者可以去隆鼻；你觉得自己的眼睛不够大，或许可以割个双眼皮，使其显得大一些；你觉得衣服不好看，可以丢掉重买；但是如果你觉得自己整个人都不够完美，真的没法“退货”；你觉得自己的人生经历不够完美，

真的没法回过头去重写；你高考的题目写错了，交卷之后真的没法再和老师把试卷要回来改一改……这就是人生的无奈。对于这些无法重新来过也没有机会弥补的不完美，怎么办？郁结于心，始终为此闷闷不乐？那么你将会失去更多。

苗苗是个丑小鸭，她总是这样自我嘲讽。为此，苗苗最大的愿望就是赶紧长大，自己挣钱，去把自己变得美一些。拿到大学毕业参加工作后的第一份工资，苗苗很想给在农村辛苦劳作的父母，然而，思来想去，她还是把这个工资拿去做了个双眼皮。她一直觉得自己眼睛太小了，又觉得自己鼻子也不够好看。当然，她最大的心病是自己个子太矮了，又矮又胖。

就这样，苗苗不停地攒钱，省吃俭用，和同事也很少交往。终于又攒了一些钱，她又去美容院做了鼻梁，后来，她开始减肥，尝试各种减肥药，增高药。有一次，因为吃减肥药，她拉肚子拉得差点儿虚脱了。折腾来折腾去，虽然小脸儿蜡黄蜡黄的，总算瘦了一点儿。觉得自己改头换面的苗苗，兴奋地买了车票回家，她想让爸爸妈妈看看变漂亮了的自己。然而，打开家门的那一刹那，父母惊愕了，得知苗苗整容了，爸爸气得浑身颤抖，妈妈伤心得一个劲儿哭。苗苗呢，她觉得自己没有错，因此理直气壮地说："为什么你们把我生得这么丑？你们以为我愿意去整容吗？我也很痛苦。其他女孩子，或者身材好，或者长得漂亮，或者很白皙，或者人家家里有钱，有漂亮的衣服可以穿。只有我，我什么也没有，如果我不整容，

我连个像样的男朋友都找不到。”听到苗苗的话，妈妈哭得更伤心了。

这时，爸爸语重心长地说：“苗苗，有件事情我们一直没有告诉你，你不是我和你妈亲生的，你是我们从路边捡来的。当时，天已经很晚了，你在襁褓里哭，如果我们不把你捡回家，你就会冻死。为了你，我和你妈妈一辈子没要自己的孩子。虽然你不那么漂亮，但是在我们心里你是最好的孩子，为你付出一切都是值得的。你去整容，再怎么努力，也不可能变成大明星，为什么不能好好地充实自己，过出个样儿来呢？你整得再好看，又有什么用呢？”

听到爸爸哽咽的诉说，苗苗彻底惊呆了。她居然是一个弃儿，原本可能在寒冷的夜里被冻死的，却在爸爸妈妈的疼爱下幸福地长大成人。她突然间想明白了，她决定不再在乎自己是否是最漂亮的，她只想好好地工作，报答爸爸妈妈的辛苦养育之恩。从此之后，苗苗变得快乐了，每天开开心心地工作，工作之余还学习充电，同事们也都越来越喜欢她。最让苗苗开心的是，单位里一个非常帅的男同事，居然向她表达了爱意，还说自己就喜欢她这样积极乐观开朗的女孩。

没有人能够实现别人眼中的完美，因为众口难调，我们不可能完全洞察别人的内心，迎合每一个人。所以，我们应该学会接受自己的不完美，当你对自己变得宽容，你也会对别人变得宽容，接受别人的不完美，如此和气友善的人，一定会赢得

很多朋友。

人生之中，美好的东西实在太多太多，我们不可能拥有全部。所以，让自己淡然一些吧，因为命运是公平的，上帝在为你关闭一扇门的同时，肯定会为你打开一扇窗。只要乐观积极，开朗向上，你一定会幸福的，和完美与否无关！

## 自信，是赢得别人信任的先决条件

细心的人会发现，成功的人大多很自信，所谓自信，就是相信自己。为什么自信能够激励我们走向成功呢？自信的人首先都非常了解自己，正因为了解，所以他们才变得自信。他们能够接受自己的很多方面，不管是优点还是缺点，从而做到与这些特性和谐共生，扬长避短。常言道，金无足赤，人无完人，在这个世界上，没有绝对完美的人。面对自己的不完美，自卑的人会因此而自卑，对自己失去信心，自信的人却能够正确认知自己的缺点，从而弥补自己的不足，发挥自己的优势。如此良性循环，才会不断成长和成熟。

自信的人往往很坚定，因为他们相信自己，所以对自己所做的选择，总是勇往直前地去实现。他们从不退缩，因为他们知道自己的决定是经过深思熟虑做出来的，他们知道自己的选择是正确的，所以，他们在奋斗的过程中更加坚定不移，更有韧性，更义无反顾。即使在奋斗的过程中遇到困难，他们也会告诉自己困难只是暂时的，胜利就在前方。因为强烈地相信自己，因为迫切渴望证实自己，信心总是能够激发出他们的潜能，激发出他们巨大的能力，帮助他们走向成功。

在生活中，我们常常渴望得到别人的认可。很多事情，都不能凭借一己之力获得成功，而必须借助于团队的力量，因此，在现代职场上，如何融入团队，获得团队里其他成员的认可，成为我们获得成功的关键因素。要想成为团队的核心人物，我们必须获得其他队员的信任，而获得其他队员的信任的先决条件就是，我们必须自信。试想，如果一个人自己都不相信自己，别人又怎么会相信他呢？自信，是赢得别人信任的先决条件。自信的人有着与众不同的魅力，他们勇敢而又果断，处事不惊，有自己的想法和决断力，从不动摇。这种魅力吸引着大家聚集到他的身边，与他同心协力，走向成功。

敏昊是一位非常优秀的新闻记者，在业界小有名气。谁都不知道，如今口齿伶俐的敏昊，小时候是一个口吃的孩子。敏昊口吃是有原因的，敏昊从小和奶奶在河南老家长大，他的父母都在北京工作。敏昊直到六岁的时候，才被父母接到北京生活。然而，敏昊一口的河南话，让他入学之后经常被同学们嘲笑。渐渐地，年幼的敏昊产生了自卑心理，一开口说话，就会非常紧张，最终变成了一个小结巴，后来，敏昊就很少说话了。课堂上，他从不主动举手回答老师的提问；课间，他也不

和同学们玩，而是一个人默默地坐在那里看书。直到初中时代，敏昊的普通话才有所改观，不过说话依然有着河南口音。

为了帮助敏昊树立自信，爸爸妈妈为他报名参加了夏令营。正是这次夏令营，让敏昊找回了自信，他再也不自卑，所以才会成长为优秀的新闻记者。

在那次夏令营中，敏昊被老师指定担任“连长”。要知道，连长要负责管理二十多个调皮捣蛋的孩子，这让敏昊受宠若惊，他暗暗告诉自己：我一定不能辜负老师的信任，一定要当好连长，带领大家在比赛中取得好成绩。果然，敏昊再也不顾及自己的河南口音普通话，而是义无反顾地带领着连里的战友们往前冲。不管任务多么艰巨，他都一马当先，吃苦耐劳。最终，他们连在本次夏令营结束的时候，被评选为“尖刀连”。即将离开夏令营的敏昊问老师：“老师，你为什么把那么艰巨的任务交给我呢？”老师抚摸着他的头，说：“因为，你可以胜任这份工作。”从此，敏昊坚信，自己具备很多优秀的品质，能够担当重任，他找回了自信。

一次夏令营，改变了敏昊的一生，因为他变成了一个自信的人。自信的力量就是如此强大，自信的敏昊带着队友们冲锋陷阵，一马当先，整个连队形成了很强的团队凝聚力，所以才能夺得“尖刀连”的荣誉称号。

在职场上，也是如此，很多在领导岗位的人都不知道如何增强团队凝聚力，其实，要想成为团队核心人物，首先要自信。你的自信会感染团队里的其他成员，让他们和你一样，变得一往无前。

## 坚持下去，拥有不一样的人生

不知你是否有过这样的经历：觉得别人很优秀，于是挖空心思、想尽办法去模仿那个对象的一言一行，最终却发现，你终究不是他，即便能够模仿到相近的外形，却总是感觉仍然缺少了什么。最终，你自己真正想要的并没有成功获得，反而徒增了不少的烦恼。而想要从烦恼中解放出来，重新获得平静及舒畅的内心，解脱的方式还是要做回自己。正如著名的儿童教育学家安杰若·帕多里曾经说过的：“最可悲的人莫过于舍弃了自己的肉体和精神而想成为其他的人或动物。”

有一位电车司机的女儿名叫凯特，凯特有一个美好的梦想，就是成为一名歌手。但是很不幸的是，凯特的容貌并不是很突出，甚至可以说是有点难看——她有一张大于常人的嘴和一口凸出的龅牙。这使得凯特从小就很自卑，总是下意识地用手挡住，或者尽量少笑来掩饰自身的缺点。有一次，她得到了一个梦想已久的登台表演的机会——在纽泽西的耐多俱乐部里面登台献唱！里面的观众多达上千人，可以说是一次非常好的展现自我的机会。凯特的内心非常激动，她在家不断地演练想

要达到最棒的效果。但是不管怎么演练，凯特总是觉得自己的容貌缺点无法克服。

带着恐慌的不自信，凯特怀着忐忑的心情登上了舞台。表演过程当中，凯特都是尽可能地让自己保持她所认为最为美貌的状态。每当需要张开嘴唱高音的时候，凯特总是用上唇刻意地将凸出的龅牙遮挡住。结果却失去了音准，原本打算一鸣惊人的效果没有达到，反而闹出了不少的笑话，凯特一下子又陷入了无尽的烦恼之中。

幸运的是，当晚在耐多俱乐部表演时，有一位男士看了凯特的表演，他认为她非常有实力，只是因为太在意自己的容貌而有所失误。而这位男士正是著名的歌手公司的星探，他联系到了凯特，表示愿意给凯特重新再来一次的机会，希望凯特能够抓住这次表演的机会，展示真实的自己。彩排过程当中，男士看到凯特仍然在极力掩饰着自己的龅牙，这使得她整个人的面部表情极度的不自然。男士立刻叫停凯特，直截了当地对她说道："作为一名歌手，最为重要的就是你的歌喉。如果你为了掩饰自己的容貌而降低了自己歌唱的水准，这难道不是捡了芝麻丢了西瓜吗？况且，只要歌声动听，龅牙与大嘴也可以是你的独特记忆点啊，你不试一下，怎么会知道观众是否喜欢这样真实的你呢？"

凯特听了男子的话语之后，下定决心试验一次。于是，再次登上舞台表演的时候，凯特完全忽视掉了自己的容貌缺陷，

忘情地在舞台上歌唱，果真受到了观众的喜爱，从此以后离自己的梦想更近了一步。此后，还出现了专门模仿凯特“特色”的喜剧演员。

或许很多时候，我们都跟故事中的凯特一样，因为自身这样那样的缺点而不自信，做任何事情的时候都想要去掩饰。但是，你要明白，其实我们每个人都是这世上独一无二的个体。自盘古开天辟地以来，以至遥远的未来，都不会出现一个和你完全相同的人类。著名的科学家威廉姆曾经说过：“在人类的个体才能之中，普通人只能发挥其潜在能力的10%，而这10%是针对无法发挥自我的人说的。和我们原本该有的实力比较起来，大约就是超过一半实力正在沉睡的状态。我们所发挥出来的，不论是肉体上还是精神上的，都只是本身资源的极小部分而已。一般来说，大多数人都活于这种自限中。人们虽然都拥有种种能力，却总是没有将它们全部发挥出来的决心。”所以，你要相信，其实我们每个人作为这宇宙中独一无二的存在，都拥有着自己独有的能力与魅力。因此，我们无须因为自己和他人的不同而悲观。我们要相信自己始终都是这世界上唯一的独特的个体。

这世上没有任何人能够改变你，而只有你自己才能够改变自己。同时，也没有任何人能够取代你，只有你自己才能够真正打败你自己。这其中，心态是我们命运的控制塔，悲观消极的心态往往是失败、疾病与痛苦的源流，而积极乐观的心态才

是成功、健康与快乐的保证。如果我们想要成为更好的自己，将自己从烦恼中解放出来，培养平静以及舒畅的心情，我们就要明白展示真实自我的重要性以及必要性。有时候，展示自我而毫不忌讳别人的目光的确会是一件很艰难的事情，但是一旦你有了开始，一旦你尝到了迈出第一步的成功与喜悦，你一定会享受到以前想象不到的幸福感。因此，不要惧怕展示真实自我的道路会非常漫长，只要开始就坚持下去，最终你一定会拥有一个不一样的人生。

## 超强自律，让自己趋于完美

古人云，一日三省吾身，由此可见自我反省对于人生成长和进步的重要性。在这个世界上，每个人都不是完美的存在，都有自己的缺点和不足，甚至还会在人生中暴露出自身的劣根性，因而我们也无须奢求自己完美。当然，不强求自己十全十美，并非意味着我们不需要进步。正所谓活到老学到老，尤其是现代社会发展速度这么快，每个人都要坚持学习，才能更好地进行自我管理，也发挥超强的自律力，让自己变得趋于完美。

一个人如果对待生活总是浑浑噩噩，从不为自己制订人生的目标，更是从来不思考自己如何做才能达到更好。在这种情况下，他必然懵懂无知度过一生，也因为缺乏目标的指引而距离成功越来越远。人是应该思考的，人之所以能够成为万物的灵长，就是因为人有思维，也懂得改变生活。古今中外，大多数成功人士都很善于思考，而且他们很清楚自己在人生中想要的是什么。然而，把思考表现在自律方面，更加重要。你可曾记得在长大之后，有哪一个改变的行为让你印象最深刻呢？面对这个问题，相信很多朋友都会语塞，根本不知道如何回答，这是因为他们曾经被动地做出改变，却很少积极地改变自己，进行自律。

作为一个从小失去父亲，在女人堆里长大的男子汉，不得不说哈林身上的女性气息很浓郁，最重要的是他已经习惯了享受母亲和各位姐姐无微不至的照顾，因而在稍微感到不满意的时候，他就会大发脾气，直至长大成人，他依然觉得母亲和姐姐们理所当然要照顾他，而从来不对母亲和姐姐们心怀感激。

在哈林还是单身的时候，母亲总是说服姐姐们让着他。然而等到哈林结婚了，有了自己的家庭，他还是对母亲和姐姐们颐指气使，这让母亲和姐姐们都很伤心。哈林对此不以为意，他已经习惯了固有的相处模式，不愿意作出任何改变。直到有一天，哈林最大的姐姐伊娃突然生病了，她病得很重，再也不能像妈妈一样帮助哈林照顾年幼的孩子，哈林这才意识到自己一直以来对待姐姐们太冷漠和不知感恩了。在有可能失去姐姐

的悲痛中，哈林回忆过往的生活，后悔万分。他决定改变，让自己不再那么骄纵任性，也让自己配得上当一个弟弟。

哈林辞掉工作，专门负责照顾姐姐，他寸步不离地守护着姐姐，伊娃感动极了。其他姐姐看到哈林的变化，也感到非常欣慰。最终，哈林虽然失去了最疼爱他的大姐，但是他又重新得到了其他的姐姐。他们相亲相爱，相互扶持，共同走过人生中剩下的岁月。

生命中，我们对太多的东西都习以为常，思想和感情也渐渐变得麻木，对一切都顺其自然，甚至逆来顺受。实际上，我们做得并不像自己想的那么好，我们总是需要在或大或小的方面改变自己。这种改变，不应该是被动发生的，而应该是随着不断的自我反省，我们主动要求自己做出的。案例中，哈林因为大姐伊娃突然身患重病，才想起来反思自己与姐姐们的关系，虽然使人遗憾，但是总算让姐姐们感到欣慰。而如果哈林能够更早地主动反省自己，积极地改变自己，他与大姐伊娃友好相处的时间会更长。

人生，从来不是简单的一加一等于二。每个人都是这个世界上独一无二的存在，也是这个世界上独立的生命个体，因而对于生命的渴望和憧憬也完全不同。当不同的生命个体在一起相处、合作，必然会发生各种摩擦和碰撞，在这种情况下，自律式改变不但能有效提升我们，也能有效改善我们与他人之间的关系，从而让我们的生活和工作都进展更加顺利。记住，要

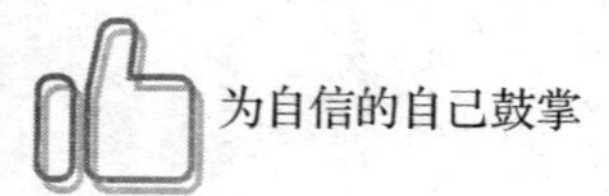


主动地自律，改变自己，提升和完善自己，就要伴随着思考，让思考帮助我们挖掘人生的深度。否则，浑浑噩噩的人只能被动地接受人生，而不能主动地改变人生。只有勤于思考的人，才能坚持进行自我管理；也只有善于自我反省的人，才能在自律的过程中提高效率，事半功倍。

## 严格自律，让自己爆发出强大的力量

你相信有一个巨大的宝藏正潜伏在你的身体中吗？看到这样的问题，相信很多朋友都会哑然失笑，因为他们根本不相信自己真的蕴含着无穷的潜能，相反，他们都觉得自己资质平庸，也根本没有成功的可能性。实际上，这恰恰是前文所说的自我设限，也必然会导致人生的发展受到局限，无法取得突破性进展。其实，每个人都蕴含着巨大的潜能，这潜能就像是宝藏，潜伏在每个人的身体中，等待着被发掘，才会散发耀眼的光芒。而要想唤醒这个宝藏，发掘这个宝藏，我们就要严格自律，因为唯有拥有自律意识的人，才能激发自己的潜能，让自己爆发出强大的力量。

对于任何人而言，潜能的开发都是至关重要的。尤其是对于很多职场人士而言，当条件相当的竞争者为了得到更好的职位而展开激烈竞争时，能够发挥出自身潜能的人就相当于具备

了优势，也更容易在竞争中脱颖而出，获得胜利。那么，如何让自律激发我们内心的强大力量呢?

在美国，有一个普通的农妇被肯尼迪总统赞誉为“深受美国人民爱戴的艺术家”。她，就是摩西奶奶。摩西奶奶生于1860年，因为家境贫穷，小小年纪就开始为家里干活儿，也去有钱人家里当女佣。在早年的生活中，摩西奶奶从未接触过绘画。直到58岁那年，她为了美化自家壁炉的遮板，才在遮板上画了生平第一幅画。没想到，她的这幅画得到了亲朋好友的赞扬，此后摩西奶奶偶尔会在家里可以画画的地方作画，如折叠桌的板子、壁炉的遮板等地方。

1932年，年过古稀的摩西奶奶去照顾患肺结核的女儿，女儿为了让母亲打发无聊的时间，因而教会母亲制作刺绣画。从此之后，摩西奶奶爱上了刺绣画。然而，76岁的时候，摩西奶奶的关节炎更严重了，甚至连针线都拿不稳，也无法进行刺绣的工作。在妹妹的建议下，摩西奶奶放下刺绣的针线，拿起了画笔，开始正式的绘画生涯。从此，摩西奶奶在绘画创作方面一发而不可收，她虽然年纪很大，但却是一位高产的画家。她几乎每个星期都有作品问世，随着绘画能力的不断提升，她的画作也从以临摹为主渐渐地转变为创作。

后来，有一位纽约的收藏家在杂货店的橱窗里发现了摩西奶奶的画，他马上就被摩西奶奶清新自然、写实的画风深深吸引住了。他不但买走了摩西奶奶陈列于橱窗的所有画作，而且找到摩西奶奶家里，买走了摩西奶奶仅剩下的10幅画作。直到1940年，有位画商用摩西奶奶的画作举办展览，已经80岁的摩西奶奶突然间成为轰动世界的大画家。

摩西奶奶以76岁的高龄拿起画笔，直到101岁去世之前，始终坚持作画，也发自内心热爱绘画。不得不说，摩西奶奶用一生告诉我们“人生何时开始都为时不晚”。

不得不说，摩西奶奶是有绘画天赋的，只不过从小家境贫苦，她的绘画天赋从未被发现而已。然而，人生何时开始都为时不晚，摩西奶奶哪怕在76岁高龄拿起画笔，也依然能成为一位高产的画家。

现实生活中，总有些人觉得做什么事情都错过了最佳的时机，因而告诉自己一切都悔之晚矣，也为自己偷懒和放弃找到了冠冕堂皇的理由与借口。而在了解摩西奶奶的生平事迹之后，你还会觉得自己已经晚了吗？哪怕你已经年逾古稀，你也依然可以像摩西奶奶一样做自己喜欢和擅长的事情，以顽强的自律精神禁止自己放弃，督促自己不断地努力。这样，你就能够激发自己内心深处的潜能，也打开自己未曾见识过的人生新天地。

记住，只要你现在开始，就为时不晚。因为很多时候是你放弃了人生，并非人生放弃了你。当你拥有自律力，能够马上展开实实在在的行动，那么一切就都来得及！

# 把握自己，才能掌控人生

现实生活中，很多人都在抱怨自己没有好运气，不是说自己没有赶上好的高考政策考入名牌大学，就是说自己付出了很多却没有收获，要不就吐槽男朋友或者女朋友对自己不好，被抛弃。不得不说，在这些人的口中，他们的人生从来没有好的时候，总是各种倒霉各种委屈，就连听的人都快听不下去了。难道命运会专门捉弄某一个人吗？当然不会。就像命运从来不会故意偏袒或者青睐一个人一样，命运也从来不会捉弄一个人，所以哪怕遭遇生命的坎坷和困境，也不要总是对命运有太多的抱怨。只有怀着坦然的心境面对和接纳命运的一切馈赠，我们才能更加有的放矢地面对人生，也才能在生命的历程中做好自己该做的事情，实现自己的梦想。

有人说，琼瑶的爱情故事毒害了很多人，这种说法其实是有道理的。现实生活中，很多女孩因为受到琼瑶剧的影响，对于爱情总是怀有不切实际的幻想，甚至误以为自己即使作为灰姑娘也一定会遇到白马王子。实际上，这样的误解往往会使得我们错失真正的爱情，那就是有一个并不那么完美的人，需要我们与之携手并肩在人生的道路上砥砺前行。生活从来不是顺遂如意的，爱情更不会像我们所渴望的那样灼热和纯粹。只有不断地努力前行，持之以恒地进取，成就更美好的自己，才能遇见更美好的未来。记住，在这个世界上除了父母外，没有任何人必须宠爱我们，所以我们必须更加辛苦和努力，才能在奋进的过程中变得更加坚定不移，变得更加不忘初心。也有一些女性对于爱情持有奋不顾身的态度，总觉得自己只要足够努力，坚持付出，就一定会收获更美好的爱情。实际上，爱情既不是一味地索取，也不是一味地付出就能得到的。只有不卑不亢，才能在爱情中长成一棵树。正如台湾著名诗人舒婷所说的，不要当攀援的凌霄花，而是要以树的形象与所爱的人比肩而立。

在两情相悦的爱情中，我们必须与所爱的人相互理解，相互尊重，才能更好地磨合，获得更协调的成长。很多人对于所爱的人往往没有深刻的理解，也不懂得对方的爱，或者自己虽然很好，却不能被对方所珍惜和了解，这样的爱情显然缺乏相互理解的共同基础，也会导致爱情不能合拍，甚至出现很多相互影响的因素。

记住，人生中没有任何一段困难是白白经历的。不管何时，不管是沉寂还是肆意张扬，我们都要做更好的自己，才能在人生的道路上静待花开。

在爱情中，张爱玲把自己低到了尘埃里。虽然胡兰成并不那么专情，还常常给她带来很多麻烦，但是她从未嫌弃过胡兰成。她那么骄傲，那么清高，却把自己在胡兰成面前无限地放低。即使胡兰成与护士小周有了婚外情，甚至在隐瞒着张爱玲的情况下与小周结婚，张爱玲也没有那么恨胡兰成。相反，她

还用自己的稿费接济胡兰成，可谓对胡兰成做到了仁至义尽。

然而，即便如此，张爱玲也没有得到胡兰成的真心，最终被伤害得体无完肤，不得不选择独自疗伤。直到遇到赖雅，张爱玲一颗孤独漂泊的心重新得到了安慰，为此尽管赖雅又懒又穷，张爱玲也始终不离不弃守护在他的身边，也始终与他相依相伴，执手不离。最终，赖雅还是先走一步，孤独的张爱玲也在颠沛流离一段时间之后去世，晚景凄凉。

作为民国时期的大才女，张爱玲很张扬，说着“出名要趁早”，却因为选择和汉奸胡兰成在一起，个人的发展受到很大的禁锢。但是，即便张爱玲把自己低入尘埃里，也没有成功地获得胡兰成的爱情，在和胡兰成在一起3年之后她被伤害得体无完肤，身心都受到很大的伤害。直到疗伤很久，才慢慢复原。如果张爱玲对于爱情的态度也能那么清高孤傲，也能坚持做最好的自己，也许结果就会不同。

人生在世，不管是女性还是男性，永远不要迫不及待地迎合身边的人，更不要因为对的人迟迟没有出现，就心急如焚。记住，只有先成为更好的自己，我们才有可能遇到对的人，才有可能遇到优秀的人。如果我们总是在成长过程中感到困惑，也总是因为人生有太多的未知可能性，就感到非常迷惘，也感到内心焦虑不安，最终的结果就会是仓促找到一个错的人，导致自己的人生发展也陷入困境，甚至是绝境。

每个人在这个世界上生存，并不是为了满足自己对于爱情的渴望，而是要能够成为自己，成为更好的自己。正如人们常说的，你若盛开，清风自来，这就告诉我们每个人都有可能遭受人生的困厄，最重要的是要努力向前，给予自己的人生更多的机会和可能性，人生才能真正绽放。记住，失去爱情并不可怕，最重要的是不要失去自己。如果总是在爱情中迷失，如果总是因为人生的困厄而对自己毫无信心，这样的将来也必然黯淡无光，也必然导致人生陷入困局。只有成为更好的自己，你才能把握自己，也才能掌控人生！

# 第六章

## 唯有实力，能在梦想的路上助你一路向前

每个人生来平等，大多数人都在同一起跑线上，即使有的人生来优越，但假如不自律不自省，就会被别人超越，而那些超越别人的人，才是真正的强者。这个社会就是“弱肉强食，适者生存”，如果想赢得辉煌的人生，那就必须做个强者。

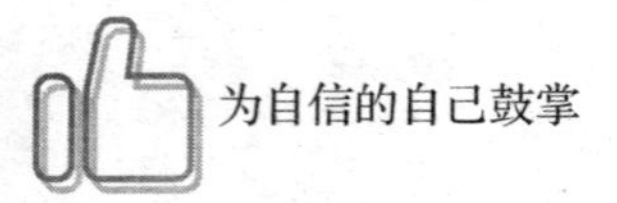


# 提升自己，踩着失败的阶梯继续前进

古往今来，很多人都获得了成功，他们的成功各有各的原因，却也有共同点，那就是他们从来不为自己找借口。正如人们常说的，成功者只为成功找办法，而不为失败找借口。在人生成长的道路上，尤其是在追逐成功与梦想的过程中，很多人都会陷入各种各样的困境，甚至还会遭遇失败的接踵打击。失败者就此一蹶不振，不但避开了失败，也彻底与成功绝缘。而那些有成功潜质的人，总是会在失败的过程中积累经验和教训，也积极地面对失败，让自己不断反思，努力提升，从而踩着失败的阶梯继续前进。

毋庸置疑，人人都渴望成功，但是成功从来不是一蹴而就的，更不是从天而降的。每个人不管有没有天赋，也不管是否有好运气，要想获得成功，就必须努力和坚持，才能在成长的道路上不断地进取。不得不说，人是有惰性的，而且有趋利避害的本能。每个人在为自己找到一个借口之后，轻而易举就原谅了自己，而且在此后的人生中还会情不自禁为自己找借口。渐渐的，他们就不会拼尽全力去努力，而是会在糟糕的结果出现之后，就当机立断找借口，为自己开脱。他们当然会对人生懈怠，也会在人生的道路上迷失。真正对自己负责任的人，不

管做什么事情都有着较真的态度，也总是全力以赴，争取得到最好的结果。即使面对失败，他们也会主动反思自己，总结经验和教训，而不会以轻飘飘的借口就结束整件事情。

现实生活中，很多朋友都会感到困惑，因为他们不知道自己为何总是与失败结缘，而其他人则总是能够得到命运的青睐，也常常轻轻松松就获得成功。不得不说，我们所看到别人的成功只是一种表象，在现实生活中，没有谁的成功是一蹴而就或者轻松得来的，他们在成功之前一定付出了长久的努力和坚持，也始终在不遗余力地努力向前。最重要的在于他们从来不会为自己开脱，而是努力寻找事情失败的原因，不断提升和完善自己。这样的人生，才是更加脚踏实地的，也才会一步一步坚持向前。

在工作中，小刘犯了一个很严重的错误，他当即向上司解释："张总，我不是故意的，我真的很想把事情做好，可能是因为我最近接连加班太累了，所以才会一时疏忽。"听到小刘的话，张总脸上明显表现出不高兴。张总对小刘说："哦，那你给我这样的一个解释，到底是想达到怎样的结果呢？"小刘说："张总，我上有老下有小都需要养活，希望您能原谅我，不要扣掉我的奖金。"听到小刘这么说，张总忍不住露出一个不屑一顾的神情，张总毫不客气地说："小刘，公司的制度你是知道的，不要说是你犯错误，就算是我自己犯错误，我也是无法逃避惩罚的，否则其他同事就会感到不公平。"小刘听到张总的话，表现出很失望的样子。张总依然在例会上公布了对小刘的处罚决定，也要求其他同事都引以为戒。经过这件事情，原本很器重小刘的张总，对小刘的态度有了明显的改变。再有艰巨的工作任务时，张总很少分给小刘去做。

在这个事例中，小刘之所以被张总嫌弃和否定，是因为小刘在犯了错误之后，没有第一时间承认错误，也没有主动地承担责任，反而恳求张总不要惩罚他。不得不说，这样为自己辩解的姿态，这样犯了错误之后不能勇敢承担的状态，让小刘在张总心目中的形象一落千丈。人在职场，并不能保证自己把每件事情都做得恰到好处，难免会犯各种各样的错误。但我们一定要端正心态，摆正态度，主动承担后果，这样才能全力以赴做好自己，也才能有的放矢地使人生圆满。否则总是不断地推卸责任，不想承担后果，那么作为领导也会厌恶这样的员工，再有了艰巨的工作任务需要分派的时候，更不会分派给这样的员工。

有压力才会有动力，对于一个不愿意承担责任的人而言，他是没有压力的，自然动力也会不足。不管因为任何原因犯下错误，都不要不假思索为自己辩解和开脱，唯有先主动承担责任，承担后果，我们才能树立自己的坚强形象，也才能赢得他人的信任和认可。记住，我们是人，而不是神仙，正所谓人非圣贤，孰能无过，我们只有端正心态面对人生的各种困境，积极主动支撑起人生的脊梁，人生才会获得更好的发展，也才能

拥有更多的收获。记住，借口是最容易找的，几岁的幼儿就会在犯错误的时候为自己找借口，但是他们作为孩子可以被原谅，而我们作为成人却很少能因为借口而为自己开脱。人要想成为大写的人，就要挺直脊梁，越是在艰难的境遇里越是要勇敢面对自己，这样人生才会有大格局。

## 绽放自己的魅力，让对手为你鼓掌

每一个在职场上身经百战的人，都曾经遇到过一种很困难的处境，那就是与某个同事或者上下级搞不好关系，甚至水火不容，因而工作变成了一种折磨，不知道自己该果断辞职逃离，还是应该一直坚守，直到彻底降服对方。实际上，人们对于职场树敌的事情向来有着不同的见解和态度，有人说在职场上打拼原本已经精疲力竭了，哪里还能容忍一个自己讨厌的人出现在面前；有人说越是有强敌存在，越是能够激发出自身的斗志，从而在工作上有更好的表现；也有人说与其整天面对敌人，还不如果断辞职，此处不留爷，自有留爷处，再另觅逍遥自在的舞台。实际上，这些态度都各有道理，也都是以自身为出发点考虑问题的，无可厚非，也说不上谁对谁错。

有人说，看一个人的底牌，看他的朋友；看一个人的实力，看他的敌人。由此可以看出，只有实力相当的人才能为敌，所以敌人也很好地代表了我们的实力。那么，我们到底应该以怎样的态度面对敌人呢？细心的朋友会发现，在很多武侠小说中，武艺高强的人总是四处寻找敌人切磋武艺。虽然如今不是武林时代，但我们同样需要敌人证明自己的实力。而当我们以能力征服敌人，他们就会为我们鼓掌，也会心甘情愿向我们臣服。所以说，我们要用实力为自己代言，这才是最强有力的说明。

作为初入职场的新人，小梅虽然对待同事们都很客气，也很谦虚，但是她的个性却相对强硬。进入公司没多久，因为在工作上与另外一位老同事产生纷争，小梅就与那位同事大吵了一架。从此之后，她与那位同事之间总是针尖对麦芒，谁也不愿意让着谁。这不，才几天过去，小梅又与那位同事吵架了。

吵架之后，小梅愤愤不平，到卫生间里打电话给自己的闺蜜，还故意大声说话生怕别人不知道她的大嗓门。后来，电话那头的闺蜜劝了小梅几句，小梅就说：“我告诉你，我可不是吃素的。别看我平日里尊重这个尊重那个，那是人家值得我尊重。谁要是不尊重我，也别想我尊重他。老员工怎么了？老员工难道就能欺负新员工吗？大不了就辞职，老娘也不受这个气。”每一个来卫生间的人，都把小梅的话听得真真切切，很快消息就传到领导耳朵里，领导直接对小梅说：“如果不愿意干就走人，别给我兴风作浪。”就这样，小梅失去了工作。

在这个事例中，小梅原本工作得好好的，却因为与一个

老员工产生矛盾，因而闹得尽人皆知。对于小梅而言，不应该与老员工故意争执，自己初来乍到，如果能好好沟通，那么事情就会是不一样的结果。其实对于职场人士而言，不可能在到一家公司之后，遇到的都是自己喜欢的人。牙齿还会碰到舌头呢，人在职场上每天相处，又如何能完全和谐融洽呢？

在遇到不喜欢的同事时，一味地逃避未必是好办法，即使跳槽了，也有可能再遇到不喜欢的同事。这种情况下，又该怎么办呢？没有人能保证自己遇到的都是喜欢的同事，也没有人能够保证跳槽之后就一切顺心如意。当然，我们也要摆正心态，毕竟同事关系是比较松散的关系，所以我们完全没有必要对同事过于苛刻地要求。在与同事发生冲突的时候，还要注意控制自己的情绪，不要因为情绪失控做出让自己懊悔的举动。记住，每个人都无法逃避敌人的存在，生活也从来不是以化敌为友为目的的。但是我们却要酌情面对自己的敌人，对于有些死敌的确要拼尽全力去战胜，对于有些惺惺相惜的敌人，我们要绽放自己的魅力，让他们心服口服为我们鼓掌即可。

## 为自己代言，追求人生的梦想

每个人都希望自己梦想成真，梦想成真不仅仅是美好的憧憬和渴望，也是为了能够让人生拥有更多的可能性。相信每个人在面对人生中的诸多机会时，都恨不得马上抓住机会，从而改变命运。毋庸置疑，每个人都想成为命运的主宰，都想彻底改变命运，但是生活实在是太过忙碌，尤其是作为生活在大城市的现代人，几乎每天都行色匆匆，根本没有机会静下心来想一想自己想要怎样的人生。每天，他们都为了生计而四处奔波，却又在人生出现转折点的时候，犹豫不决，不知道是否应该抓住机会彻底扭转命运。在美国经典影片《当幸福来敲门》中，男主角穷困潦倒，因为没有地方容身，不得不在车站的厕所中过夜。经历了这样的艰难和坎坷，他也始终没有放弃对人生的渴望和对梦想的追求。最终，他才能彻底改变命运，从而给人生更多的可能性。

对于每个人而言，昨日的梦想恰恰成就了今日的希望，甚至还有可能为我们的明天奠定坚实的人生基础。因此，每个人都要以实力为自己代言，追求人生的梦想，并且竭尽全力实现人生的梦想。否则，梦想就会成为空想和幻想，也会给人生带来损失和伤痛。

1982年，吉拉德出生在美国一个贫民窟。从小他就立志要创造财富，改变自己的命运，也给家人更好的生活。转眼之间，吉拉德已经十岁了，为了帮助父母养家糊口，他不能继续上学，而成为了一名小报童。此后，他相继做过很多工作，诸如洗碗工，超市送货员等。正是在为生活奔波的过程中，他对于生命有了更加深刻的认知和感悟。二十岁的时候，吉拉德意

识到自己并不能轻而易举就成为企业家，因而梦想着拥有属于自己的小店铺。到了三十岁，他觉得自己连拥有一间店铺都不可能实现，因为他做生意赔钱了，欠下了很多债务，甚至无法养活妻子儿女。

为了维持生计，他不得不四处奔波找工作。然而，他的学历很低，而且有结巴的毛病，有的公司即使愿意勉强试用他几天，也很快把他辞退了。他绝望极了，想起自己小时候的伟大梦想，不由得啼笑皆非。此时此刻，他只梦想着能养活自己和家人。每当在夜深人静的时候抽着劣质香烟发愁，他就感到苦闷不已。然而，当太阳再次升起，他不得不继续四处找工作。一个偶然的机会，他在报纸上看到一则消息，受到了深刻的启发，也意识到自己不应该像跳蚤一样被现实困住，而忘记远大的理想。从此之后，他不再自轻自贱，自我放弃，而是努力奔向最初的目标。此后，吉拉德进入一家汽车销售公司，成为一名推销员。上班第一天，他就在自己的衣服上标记一个大大的“1”字。此后，吉拉德每件衣服都有“1”的标记。有人不理解这个数字是什么含义，特意问吉拉德，吉拉德告诉人们，“1”意味着“我永远都是自己的第一”。最终，吉拉德成为非常伟大的汽车推销员，在12年的时间里，每天都能销售出去6辆汽车。为此，《吉尼斯世界纪录大全》赞誉他是“世界上最了不起的推销员”。

在生活的艰难困苦面前，吉拉德如果如同跳蚤一样，把自己调整到合适的高度，而不再触碰天花板，那么他就很难成功地突破自己。实际上，现实生活中有很多人都是被自己的内心局限住了，他们误以为自己只能达到一定的人生高度，因此也就放弃了努力，不再全力以赴奔赴梦想。实际上，梦想是人生的山顶，只有登上人生的顶峰，人们才能享受一览众山小的美妙心境。

人生也像是茫然的大海，如果每个人一直在大海上缓缓地前行，手忙脚乱地应付突发的情况，而对于人生毫无规划和志向，那么还谈何梦想呢？漫无目的的人生，一定会被生活的琐碎消耗殆尽，也一定会变得平庸。人生说长也长，说短也短。没有任何人能够决定人生的长度，既然如此，就让我们拓宽人生，使人生变得更有意义。这样一来，我们才能够不断在人生道路上奋勇前进，在梦想的指引下一路向前，不放弃不妥协。

## 展示自我，从而赢得机遇的青睐

俗话说：“美玉藏于深山，人不知其美，黄金埋于地下，人不知其贵。”一个优秀的人，如果只是深藏不露，而不表现自己，人们就不会看到他存在的价值。这样下去，即使他有绝世的才华，也渐渐会被埋没。现在是一个讲究张扬自己个性的时代，尤其是身处职场上的人，在关键时刻恰当地张扬也就是“秀”一

下，不失为一个引起别人注意的好方法。天上不会掉馅饼，机会是要靠自己创造的，相信自己，相信自己的能力，相信自己的才华，而且勇敢地在别人面前表达出来，你就会接近成功。

许多人总是在苦苦等待机会降临在自己的身上，但是殊不知，一味地等待机会的降临是一种多么无知而可笑的想法。就像成功学大师卡耐基所说："没有机会，这是失败者的推诿，许多成功的奋斗者，都是用他们自己的能力去创造机会的。"

原微软中国公司总经理吴士宏，在1985年离开了原来毫无生气甚至满足不了温饱的护士职业，她鼓足勇气，走进了世界最大的信息产业公司——IBM公司的北京办事处。面试像一面筛子，两轮的笔试和一次口试，她都顺利地通过了严密的网眼。最后主考官问她会不会打字，她条件反射地说："会！"

"那么你一分钟能打多少？"

"您的要求是多少？"

主考官说了一个标准，吴士宏马上承诺她可以。因为她环视四周，发觉考场里没有一台打字机，果然，主考官说下次录取时再加试打字。

实际上吴士宏从未摸过打字机，面试结束，她飞也似的跑回去，向亲友借了170元买了一台打字机，没日没夜地敲打了一星期，双手疲乏得连吃饭都拿不住筷子，她竟奇迹般地敲出了专业打字员的水平，以后的好几个月她才还清了这笔不小的债务，而IBM公司却一直没有考她的打字功夫。吴士宏就这样成了这家世界著名企业的一个最普通的员工。

任何人的成功都是来自于自觉自愿地去寻找机会、发挥创造力。那些甘于沉沦和平庸的人最终会继续沉沦和平庸下去，而那些主动执行、善于创造机会的人，则会从最平淡无奇的生活中找到一丝微弱的机会，他们用自身的行动改变了他们的处境。

在人生的旅途中，每个人都会遇到很多成功的机会，在机会面前每个人的态度是不相同的。有的人把握住机会，努力发展；有的人和机会擦肩而过，视而不见；有的人寻求机会，捕捉超越的空间；有的人不思进取，坐等机会的到来。我们应以积极的态度，捕捉机会，把握机遇，为自己寻找一片翱翔的艳阳天。

我们要想有所成就，就不要奢望别人主动地来关注自己，而是要积极主动地把自己的才干展示给别人。一次不行，就多表现几次，在一个地方表现无效，就在多个地方进行表现，表现多了，被发现、被赏识的可能性就会增大。把自己的美展示给别人，从而赢得机遇的青睐，仅仅需要一些勇气。

## 打开思维局限，让人生更加广阔

曾经有一个人自称是开锁大师，能够打开世界上所有的锁。有一个小镇地处偏僻，小镇居民在听说大师口出狂言之后，决定捉弄一下这个大师。因此，他们在对大师发出邀请的

同时，就开始准备一个铁笼。原来，他们想让大师现场展示如何从铁笼子里打开锁，走出铁笼。转眼之间，展示的日子到了。大师自信地走入铁笼子，小镇上的人在把笼子关好锁好之后，就走到笼子旁边等着大师打开笼子。

大师气定神闲，丝毫不把这把看似很大的锁放在眼里，他完全有信心把锁打开。然而，时间一分一秒地过去，大师不停地尝试开锁，锁却没有任何反应。大师不由得着急起来，额头上甚至冒出汗来。又是很长时间过去，人群开始议论纷纷，这个时候，大师终于无奈地宣布："我无法打开这把锁！"小镇上的人高兴地笑起来，这个时候，有人走过去把锁展示给大师看，原来，这把锁根本没有锁上。大师失败了，不是败在学艺不精，而是败在他陷入了思维定势，误以为所有的锁都是锁好的。

的确，即使技艺再高超的开锁大师，也不可能打开一把没锁的锁。因为没锁上的锁在尝试打开的过程中，里面的机关不会被触动。现实生活中，我们也常常会犯和开锁大师一样的错误，总是不知不觉就会进入思维的怪圈，也会被经验主义限定。所以，我们必须打开思维的局限，让自己的思维更加广阔和灵活。

暑假里，张丹很难熬。原来，平日里学习很好的张丹，在高考中失利，没有考上理想的大学，被一家师范院校录取。对于自己何去何从，张丹始终都很犹豫纠结，因为他既想复读，也害怕明年的高考形势会更加严峻。看着张丹痛苦的样子，爸爸对张丹说："你自己决定吧。不管你决定怎么做，我都支持你。不过，人生不是一局定成败的，总还有机会。”爸爸的话让张丹陷入沉思。思来想去，张丹决定去师范院校读书。虽然下了这样的决心，但是张丹心里还是觉得师范院校不合自己心意，因此开学的时候，他带着复杂的心情来学校报到。没想到，到了学校之后，张丹发现同学都很友好，也很聪明，卧虎藏龙。张丹这才意识到人外有人，天外有天，他再也不敢小看同学了。

结果，张丹度过了愉快而充实的四年师范院校时光，凭着努力考上了另外一所高校的研究生。回想起在师范学校的生活，张丹由衷地说："我很感谢那段时光，如果没有那段时光，也就没有今天的我！"

案例中的张丹因为没有考上理想的大学而苦恼，而实际上，人生有很多绽放的方式，未必只有考上名牌大学这一条路可以走。在爸爸的劝说下，张丹才勉强解开心结，去师范院校报到。他真正解开心结，是在进入学校，认识那些聪明可爱的同学之后。在对大学怀着积极的态度去接纳和拥抱之后，张丹进步很快，校园生活过得愉快而又充实，正因为如此，他才能考上研究生，从而改变自己的命运。

西方国家有句谚语，叫作条条大路通罗马。在人生的道路上，我们固然要坚定执着，却也不要一头撞到南墙上。只有不断地顺势而为，调整思路去发展，我们才能更好地驾驭人生。记住，有的时候，门是没有锁的，所以先不要急着开锁，而是要审时度势，再做定夺，这样才能事半功倍，马到成功。

# 第七章

# 独立自主，成熟的第一步就是主宰自己的人生

一个人要做到真正的独立是很难的，这不仅仅是指身体行为上的独立，还有思想上的独立。尤其是思想上的独立，要做到自己不被他人摆布，只有自己从思想上独立了，才能真正主宰自己的命运，主宰自己的人生。

## 活出独特的人生，你才能获得真正的成功

你的身边是否有这样一类人，或者你自己是否就是这样的人，那就是从小到大按照父母设计好的人生节奏按部就班地发展，从来没有一件小事情是自己独立做主完成的。这样的人生乍听起来很省心，因为根本不用自己费心去争取或者安排很多事情，而只需要按照既定的节奏去走就行。但是当你渐渐长大，你会发现你的人生苍白无力，你甚至已经成人，却依然无法为自己的人生做主，因为你的父母总是在你身边指手画脚，甚至索性代替你去决定很多事情。在这样的情况下，你未免觉得郁闷，也觉得自己都这么大了，之前的人生简直都白活了。其实，这就是因为你的人生被设计了。

作为孩子，虽然因着父母来到这个世界上，但既不是父母的附属品，也不是父母的私有物，而是与父母之间有很大的不同。孩子是独立的生命个体，父母精心抚育孩子成长，也不能代替孩子去决定很多事情。作为父母，要摆正自己的位置，要把握好与孩子人生之间的距离。在孩子小时候，父母当然要代替孩子做各种事情和决定，但是当孩子渐渐长大，父母就要学会放手，让孩子对自己的人生负责。实际上，两三岁的孩子就开始有自我意识，他们渐渐地把自己与外部世界独立开来，为

此会表现出很霸道的行为。实际上，这是孩子的自我意识逐渐形成的表现。对于孩子，父母必须掌握正确的教育方法，也要学会引导孩子，才有利于孩子健康成长，也有利于孩子独立。

每个人的人生都是不需要设计的。每个人都不是木偶，不需要被人提着线去操纵。遗憾的是，现实生活中，有太多的年轻人已经习惯被父母照顾，而父母也已经习惯了无限度地参与孩子的生活。不得不说，这样的父母和孩子都需要努力反思自己，改变人生的状态。父母即使再爱孩子，也不可能永远陪伴在孩子身边，照顾和呵护孩子。因此，作为父母，一定要更加理性爱孩子，而不要以溺爱的方式害了孩子。否则，等到有一天父母老去，孩子还如何能够支撑起整个人生，肩负起赡养父母的重任呢?

小可自从诞生以来，妈妈一直称呼她为“儿子”。原来，在小可出生之前，妈妈就根据种种迹象推断她一定是个男孩，所以心急的妈妈在小可还没有降临人世的时候，就已经为小可准备了各种各样的男孩衣服和用品。其实，妈妈本身是不重男轻女的，只是因为心中早就做好了准备要迎接儿子的诞生，因此在看到小可的一刹那，妈妈有些惊讶。和妈妈相比，爸爸是很重男轻女的，为此妈妈总是称呼小可为“儿子”，爸爸则总是称呼小可为“丫头片子”。

虽然小可已经三四岁了，但她对于自己是男孩还是女孩的问题一直很困惑，性别意识没有其他孩子那么好。因为爸爸一直想要个儿子，所以他就把小可当成男孩来养育，希望小可和男孩一样活蹦乱跳，也希望小可将来能够成为一名工程师。就这样，小可被当成男孩子养大。父母早就为她安排好了一切，从幼儿园到小学，从小学到初中、高中，终于到了高考的时候，爸爸坚决要求小可报考理科。但是小可也很坚决，她喜欢文学，成绩又很好，所以想考北京大学中文系。就报考什么学校，爸爸和小可之间发生了大战。最终，从小习惯了听从爸爸妈妈话的小可败下阵来，极不情愿地选择了一所以理科为特色的大学。

然而，大一才上了半学期，小可就无法忍耐下去。她向学校申请转入与中文有关的院系，这次甚至没有征求爸爸妈妈的同意。就这样，小可大学读完，顺利考入北京大学中文系的研究生，爸爸这才如梦初醒。小可拿着自己已经出版的一本小说给爸爸看。爸爸尽管愤愤不平，但是看到女儿居然已经成为作家，还是着实吓了一跳。此后的日子里，小可自由自在地继续求学，开心极了。

很多父母都依然固守着“学好数理化，走遍天下都不怕”的传统理念，总是要求孩子学习理科。实际上，孩子到底应该学习什么，不是由哪种学科更热门或者哪个学科更好找工作决定的，而是由孩子到底对什么感兴趣、更愿意学习什么决定的。

作为年轻人，不但要对选择学习什么自己做主，在走入

社会之后，会对人生拥有更大的选择权，因此要更加有主见，对自己的人生做主。记住，每个人都有自己的人生，作为孩子的人生，绝不是父母人生的延续，而是作为一个独立成人的人生，你也无须去模仿任何人。只有活出自己独特的人生和模样，你才能获得真正的成功！

## 别把自己看得太重，也别把自己看得太轻

在现代社会中，人脉资源被提升到前所未有的高度，很多人都误以为只要有人脉资源，只要有贵人相识与相助，就可以在人生之中获得更好的成长和发展。我们不可否认人脉资源的确是非常重要的资源，也是现代社会人们获得成功必须具备的条件，但是人脉资源从来不是成功的唯一要素与条件，要想成功，最重要的是提升自己。正如人们常说的，没有金刚钻，就不要揽瓷器活。试想一下，一个人如果只会溜须拍马，即使得到了贵人的赏识，但是却在真正做事情的时候没有做好，岂不是更糟糕？

只有在自身强大的基础上，我们才能把很多事情做得更好。偏偏有很多人本末倒置，他们在前进的道路上，一门心思想要结识贵人，一心一意想要讨好贵人，最终却把费尽心思得来的展示机会白白浪费掉，甚至连自己都对自己失望。除了

处心积虑想要结识贵人的人之外，还有一类人也很善于讨好别人，当然他们的目的不是往上爬，而是希望得到别人的称赞。这样的人，就是我们常说的老好人。他们总是不能坚持自己的原则，不管做什么事情都很放纵，也很没有底线。在这样的状态下，他们难免会陷入被动之中，也会因此而对人生感到迷惘和困惑。

作为单位里的新人，妮妮每次对同事们都是有求必应。一开始，她觉得自己作为后来者，应该主动承担更多的工作，这样才能得到大家的提点。后来，看到做好事情之后总能得到大家的感谢，妮妮就真的很愿意把每一件事情都做好。但是，随着为大家做的事情越来越多，妮妮对于自己日渐增多的工作任务却无法按时完成，也因此好几次被上司批评。同事们呢？从一开始得到妮妮的帮忙真心感谢妮妮，到现在再找妮妮帮忙觉得理所当然，甚至连妮妮有没有时间、是否方便都不问了。有一天，妮妮因为帮一个同事做表格出现错误，被上司狠狠批评。妮妮辩解："这原本不是我的工作，我是帮王姐做的。"上司却恶狠狠地说："我不管你是帮谁做的，反正表格是你做的，出了问题需要你来负责任！"妮妮委屈得泪水在眼眶里直打转，接受她帮助的同事却在一边一声不吭。妮妮认真地想过之后，开始拒绝同事们的求助，拒绝那些在下班的时候随意把各种工作扔到她面前的人。结果，那些不曾真心感谢过妮妮的人，居然开始生妮妮的气。妮妮很清楚，自己必须把该做的事

情做好，才能在工作中有更美好的姿态。

对于妮妮而言，这样去帮助他人，反而耽误了自己的工作，的确是得不偿失。当然，不是说我们要对同事的求助完全不放在心上，而是说我们虽然要帮助那些的确需要帮助的同事，但不要总是对于同事漫不经心的请求非常投入，导致不能把分内之事做好。

热心帮助别人的同时，我们还要把握人与人之间的距离。面对他人的频繁求助，我们要学会拒绝。想要主动帮助他人的时候，我们更要保持限度，而不要好心不成，反而引起他人的反感。做人，既不要把自己看得太重，也不要把自己看得太轻。如果总是这样轻飘飘地帮助别人，无形中自己的分量就会变轻，这当然是不好的。当你把握好力度，对人既不冷漠，也不过度热情，你就可以处理好与他人之间的关系，也能让自己的人生有更好的发展。

## 看清人生方向，果断做出自己的抉择

自古至今，成功的人有一个相同之处，那就是敢于坚持己见，有自己的想法，并且能够果断地做出自己的抉择。有主见才能突破前方的障碍，打开成功的大门，那些没主见的人，只会人云亦云，什么时候都是被人牵着鼻子走，他们的内心不断

摇摆，殊不知成功已经在他们面前消失得无影无踪。

玛格丽特·撒切尔夫人，英国著名政治家，曾经连续3次当选英国首相，也是欧洲历史上第一位女首相。她在重大的国际、国内问题上立场坚定，做事果断，被誉为世界政坛上的“铁娘子”。

然而，撒切尔夫人并非政治天才，她的性格、气质、兴趣等都深受父亲的影响，她成功的人生源于父亲培养起来的独特主见和高度自信！正如后来她在当选为首相时所说的那样：“父亲的教诲是我信仰的基础，我在那个十分一般的家庭里所获得的关于自信和独立的教诲，正是我获选胜出的武器之一。”1925年10月13日，撒切尔夫人出生于英格兰林肯郡格兰瑟姆市的一个杂货店家庭里。她的父亲爱好广泛，热衷于参加政治选举，撒切尔夫人受父亲的影响，博览政治、历史、人物传记等方面的书籍，从小对政治就有相当多的了解。

撒切尔夫人的家教十分严格。小的时候父亲就要求她帮忙做家务，10岁时就在杂货店站柜台。在父亲看来，他给孩子安排的都是力所能及的事情，所以不允许女儿说“我干不了”或“太难了”之类的话，借此培养孩子独立的能力。父亲常谆谆告诫她千万不要盲目迎合他人，并经常把“自己要有主见，不要人云亦云”的道理灌输给她。因此，撒切尔夫人从小就学到了很多关于自信和独立有主见的道理。

在撒切尔夫人入学后，她的阅历和想法不断增加，当看

到同学们自由地玩耍和嬉戏时，她觉得小伙伴们有着比自己更为自由和丰富的生活。她开始羡慕朋友们一起在街上游玩，一起做游戏、骑自行车；也开始向往周末能和小伙伴们一起去春意盎然的山坡上野餐。终于有一天，她把自己的想法告诉了父亲，期待能得到父亲的同意。然而，父亲却沉着脸并严厉地对她说："孩子，你必须有自己的主见！不能因为你的朋友在做什么事情你就也去做同样的事情。你要自己决定你该做什么，千万不能随波逐流。"

听完父亲的话，撒切尔夫人默默地低下了头，不吭声。见到女儿不说话，父亲缓和了语气，继续劝导女儿："宝贝，不是爸爸限制你的自由，而是你应该要有自己的判断力，有自己的思想。现在是你学习知识的大好时光，如果你想和一般人一样，沉迷于享乐，那以后将会一事无成。我相信你有自己的判断力，你自己做决定吧。"

父亲的一席话深深地印在了她的脑海里。她想："是啊，为什么我要学别人呢？我有很多自己的事要做，刚买回来的书我还没看完呢。"于是她不再幻想和同学们去游玩，而是潜心学习，积极进取。

是的，无论如何我们都要保持自己的想法，不能看着别人做什么我们就为之心动，随波逐流。每个人都是独立的个体，每个人都有自己独特的想法，我们要明白自己的使命，要看清人生的方向，无论何时都要拿定自己的主意。

转眼间丽丽就要面临中考了，而此时身边的同学们对于升学却有着不一样的看法，就连她的宿舍里也产生了几派不同的想法。张萌想考中专，林夕想考技校，李晓想考职高，陈寒想考高中……这时候的人心可以说是比较浮躁的，她们感到很迷茫，同时与家里的想法也不太一致，所以都在纠结着。但是丽丽却一直想考重点高中，只要考上了重点高中，就等于一只脚迈进了大学门槛，她的理想就是上大学。

那时，丽丽家住在一个小镇，经济不发达，所以，人们的观念还比较保守。

丽丽有一个邻居，丽丽平时称呼她王阿姨，王阿姨经常去她家串门，当王阿姨在与她妈妈闲聊得知丽丽要考重点高中时，就对丽丽妈妈说："老姐呀，一个女子念那么多书干啥？没必要有太高的学问，识几个字，将来找个好婆家就行了，干事业、挣钱养家是男人的事。何况，女子将来都是人家的人，供她念书那不是白花钱吗？早点上班，还可以多为家里挣几年钱。"听了王阿姨的一番劝说，丽丽妈妈的心里有些动摇了，不再支持女儿考高中，而要她考技校，或者去工厂打工。

妈妈的决定让丽丽心里十分难过，她对妈妈说："妈妈，请您给我一次机会吧，如果我考不上，我就去打工，补贴家用。"妈妈看到丽丽坚定的样子就勉强同意了。虽然妈妈同意了，但丽丽的心里却依然感到十分沉重，好像压了一块巨石使她喘不过气来。

此后，丽丽更加努力地读书，她决心通过自己的能力考上重点高中，让别人都看一看，女孩儿一样能考重点、上大学。后来，她以优异的成绩考上了县里最好的高中，在三年后考上了理想的大学，丽丽的愿望终于实现了。

## 把身边的事情做好，就是生活中的成功

下面的这首诗不知道大家是否听过，但是它为很多人打开了心结。

如果你不能成为山顶上的高松，那就当棵山谷里的小树吧，但要当棵溪边最好的小树。如果你不能成为一棵大树，那就当一丛小灌木，如果你不能成为一丛小灌木，那就当一片小草地。

如果你不能是一只香獐，那就当尾小鲈鱼，但要当湖里最活泼的小鲈鱼。如果你不能成为一条大道，那就当一条小路，如果你不能成为太阳，那就当一颗星星，决定成败的不是你能力的大小，而是做一个最好的你。

朋友们，我们不必迷茫，我们也不必彷徨，我们最需要做的就是不断地提升自己，完善自己，做最好的自己。正如小诗中说的，“决定成败的不是你能力的大小，而是做一个最好的你。”

香香曾经是个好女孩，一段失败的爱情让她在失落中堕落了。

上大学的时候，香香和同班同学泽铭恋爱了，这是香香的初恋，刻骨铭心。毕业后他们各自回到父母所在的城市工作，彼此用电话联系。半年后，香香无法忍受相思之苦，放弃了所有来到泽铭身边，见面的第一天晚上，她把自己完全交给了他。然后他们同居了，像夫妻一样过上了甜蜜的小日子。

让香香做梦也没有想到的是，就在她沉浸在对未来的美好憧憬中时，泽铭却突然向她提出分手！她震惊地问为什么。泽铭的回答竟然是他爱上了另一个女孩！然后，泽铭消失了大半个月。在那大半个月里，香香每天借酒消愁，后来因为酒精中毒住进了医院。

在朋友的劝导下，香香终于走出了那段悲伤的岁月，她终于明白对不复存在的爱情不能忘怀，是对自己最残酷的伤害。既然对方已经残酷到如此地步，为何要为了这样一个无关紧要的人自甘堕落呢？此后香香变得更加热爱生活，她明白了之前的一切是多么不值得，今后的日子她要活出最精彩的自己。香香变得独立而自信，换了一份更好的工作，在生活上过得更加精致。谈及她的变化，香香对朋友说“以前的我迷失了自己，今后的我要努力上进，每一天都要活得乐观而充实，我要做最好的自己，散发自己独具特色的光芒。”

有一个男孩的班里来了一个特别的女孩。这个女孩与其他

人相比，身体残疾，还是一位哑巴女孩，整体形象看起来也并不突出。

女孩在班里就这样静静地学习、生活，似乎并没有因为自己的外貌而感觉有什么不同。有一天上形体课，轮到了她上台。在全班的笑声中，女孩不卑不亢地走到舞台上，不时偶尔地挥舞着她的双手；仰着头，脖子伸得很长，与她尖尖的下巴形成一条直线；她的嘴张着，眼睛眯成一条线，淡定地看着台下的学生；偶尔她也会支支吾吾地，不知在说些什么。

大家都在下面嘲笑女孩，看到这里，男孩感觉非常生气，对他们的行为感到很伤心。就在这时，女孩的表演结束了，突然班上的调皮鬼站了起来，说："同学，我们都知道你的身体有残疾，那么你是怎么看待自己的呢？你的表演真的好可笑。"这句话引得周围几个同学大笑了起来。

同学们都在大笑，男孩却感到很悲哀，他们竟然如此嘲笑自己的同学，更何况还是身患残疾的同学。男孩捂上了耳朵，不愿感受下一刻的痛苦。他感到人与人之间是如此冷漠与无情，他不明白为何他们不懂得站在女孩的角度考虑，为何如此伤害他人的内心，此时男孩已经不知道如何表达自己的同情与难过了。

可是，同学间的嘲笑和刻意挖苦并没有引起女孩的不满，女孩平淡地笑了笑，然后她转身拿起粉笔在黑板上非常洒脱地写了起来："1.我是一个可爱的女孩！2.我的腿很长很美！3.我

的爸妈很爱我！4.我的绘画很出色！5.我擅长写作！6.我的猫咪惹人喜爱！”一时间，整个教室都变得非常安静，那个讥讽的男孩子也低下了头。女孩向大家微笑示意，接着写下这样一句：“我拥有很多，我很幸福，我不会看那些没有的东西。”当她转身的那一刻，全体同学回报给了她最响亮的掌声，那是一种赞美也是一种敬意。那句话，男孩看得热泪盈眶，将它印在了自己的心里。

认真地做自己，做最好的自己，充分发挥自己的潜能，那么你就会成功。没有完美的人，也没有完美的事，不要去比较，也不要去自卑，相信自己，即便你不是人群中最优秀的，但是你一定可以成为最优秀的自己。记得有一位诗人曾说过：“不可能每个人都当船长，必须有人来当水手，问题不在于你干什么，重要的是能够做一个最好的你。”把身边的事情做好，就是生活中的成功。

## 不要被他人左右，活出最精彩的人生

《伊索寓言》中有这样一个故事：一个老头和一个小孩子用一头驴子驮着货物去赶集。赶完集回来，孩子骑在驴上，老头儿跟在后面。路人见了，都说这孩子不懂事，让老年人徒步。孩子就忙跳下来，让老头儿骑上去。于是旁人又说老头儿

怎么忍心，自己骑驴，让小孩子走路。老头儿听了，又把孩子抱上来一同骑。骑了一段路，不料看见的人都说他们残酷，两个人骑一头小毛驴，都快把小毛驴压死了，两人只好都下来。可是人们又都笑他们是呆子，有驴不骑却走路。老头儿听了，对小孩子叹息道："没法子了，看来我们只剩下一条路：我们扛着驴子走吧！"

故事中的一老一少过于在意别人的看法，因此最后不知所措，他们可以说是完全被别人牵着鼻子走。是的，不管你怎么做，你都无法满足所有的人，所以说，不要让他人左右你前进的方向，做好自己，让结果不留遗憾，这就已经非常不错了。

朋友们，想清楚，自己的方向是靠自己控制的，前进道路的选择权也在于你自己，别人可以给你建议，但是做主的还是你自己，所以说，快乐地做我们自己吧！按照自己的意愿去做人做事，我们就不必勉强改变自己，不必费心掩饰自己。这样，就能少一些精神的束缚，多几分心灵的舒展；就能少一点不必要的烦恼，多几分人生的快乐与轻松。

有一个姑娘叫珊珊，从小长得不是很漂亮，身材非常胖，跟同龄的孩子比起来年纪有点显大，她一直以来内心非常自卑、敏感。珊珊的妈妈总是用自己的方法来打扮珊珊，让她感觉自己要比其他同龄的孩子大得多，珊珊也从来不和其他的孩子来往，她看起来非常害羞，总是独来独往。

后来，珊珊长大成人，直至结婚，她的性格也是没什么变化。珊珊总是躲在自己的壳里，跟老公的家人也很少交流，幸好老公家的人都非常好，他们鼓励珊珊走出自己的世界，希望她能变得开朗，但是他们所做的一切，总是令她紧张不安，有时她甚至害怕听到电话的声音。珊珊不愿意参加各种活动，对于那些实在推不掉的应酬，表面上珊珊看着比较高兴，但是她的眼神里总是充满着恐慌。珊珊很在意他人的看法，如果看到别人在窃窃私语，她就会认为大家在议论她，如果别人多看她一眼，她就会认为那人是嫌她胖，或者是厌恶她的穿着。每一天的生活对珊珊来说都很难受，她觉得生活没有意义。

看到珊珊的现状，她的婆婆非常着急，就跟珊珊谈话，询问珊珊到底怎么想的。交流一番之后，婆婆明白了她的心思，也给了珊珊很多建议。最后，婆婆说："珊珊，每个人都是独一无二的，那么，我们就应该保持自我，也就是说保持自己的本色，这样你才会活得轻松快乐啊！"这句话让珊珊恍然大悟，她明白她总是生活在别人的世界中，总是用别人的眼光，别人的模式去要求自己，根本就没活出真实的自我来。

从此以后，珊珊就变了。她开始重新审视自己，在乎自己的想法和看法，她选择适合自己的穿衣风格，她主动接听电话，甚至主动联系朋友，参加各种活动，虽然还是有些紧张，但是她已经能有勇气在活动中发言了。珊珊说："每个人都在主动接近我，我看到他们真的很亲切，很开心。"老公一家也很欣喜珊珊的变化。

爱默生在散文《自恃》中写道：“每个人在受教育的过程当中，都会有段时间确信：物欲是愚昧的根苗，模仿只会毁了自己；每个人的好坏，都是自身的一部分；纵使宇宙充满了好东西，不努力你什么也得不到；你内在的力量是独一无二的，只有你知道自己能做什么。”朋友们，我们要明白，最精彩的活法就是保持自我。没有了自我，何谈生活？我们每一个人都是独一无二的，我们都有自己的生活需要经营。所以说，做好自己，把控住方向，不要被他人左右，活出最精彩的人生。

## 主宰人生，才算得上人生的强者

每个人都是自己人生的主人，这个道理人人都知道，但是真正能做到的人却不多。人最大的弱点，就是我们日常所说的“软耳朵根子”“棉花耳朵”。也许各个地方对于这种现象的描述方式不尽相同，但是对于本质内容的表达却都是相同的。当一个人缺乏自己的主见，就会遇到任何问题都想要听从别人的安排，甚至因为自身拿不定主意、犹豫不决，最终导致错失良机。这样一来，事情必然变得复杂，我们的人生也就很难顺遂如意了。

一个人要想主宰自己的人生，成为人生的把控者，必须坚持正能量，杜绝负能量。而且，这个世界上绝没有两个完全相同的人，也就注定了这个世界上绝没有两条完全相同的人生之路。所以我们在操控人生的时候，必须在深思熟虑之后做出自己的思考和判断，从而坚持走好自己的人生之路，做好自己的每一件事情，活出自己与众不同的精彩人生。反之，假如一个人在生活和工作中，不管什么时候都没有主见，而且越是遇到难以决定的问题就越是更加犹豫不决，那么最终他一定会因为拿不定主意感到非常烦恼。所以朋友们，我们必须牢记一个道理：人生是我们的，我们不能被别人操控，而要独自主宰人生。

1882年，一个女婴因为突发高烧，导致失去听力和视力，成为聋盲人。此外，又因为失去听力，无法得到外界的语言刺激，所以她渐渐失语。对于一个只有十九个月的幼儿来说，这样的打击无疑是残酷的，她与整个外界的通路都被阻断了。她，就是后来举世闻名的作家和演说家海伦。那么，从聋哑盲的身体状况出发，海伦是如何一路成长起来的呢？首先，海伦绝不愿意屈从于命运的安排，聪明机智的她想方设法用各种方法来感知外部世界，表达自己的思想和意志。后来，因为意识到自己与别人不一样，她渐渐感到焦躁不安，内心受到了沉重的打击。幸好，爸爸妈妈为她请来了家庭教师——莎莉文小姐。就这样，海伦与外部交流的通道被打开了，莎莉文小姐不仅教会她读书认字，而且还让她学会读唇语，学会说话。

此后，海伦付出了比正常人加倍的努力，学习文化知识，

读完了大学课程。她顽强不屈的毅力，帮助她在求学的道路上战胜了无数的困难，而且她还特别有主见，总是不达目的不罢休。后来，她的《我的生命》一书出版，并大获成功，她拥有了足够的金钱为自己购买独立的住房。此后，她更是以自己的经历四处演讲，鼓舞那些身处逆境的人们一定要坚持不懈地与命运抗衡。最终，全世界的人都知道了海伦的顽强和成就。可以说，海伦的事例鼓舞和激励了全世界迷茫的人，也帮助他们找到了自己人生的方向。

曾经，海伦说过，如果她不是小时候遭遇的疾病导致聋盲，那么她也许不会拥有这样出类拔萃的人生。她很有可能像大多数普通的女孩一样度过平淡的一生，甚至碌碌无为，默默无闻。然而，残酷的命运激发出她潜在的力量，使她能够不遗余力地与命运抗争，也成就了她与众不同的人生。歌德曾说，假如一个人游戏人生，就注定会一事无成；相反，只有能够主宰自身命运的人，才能避免成为人生的奴隶。人生短暂，我们到底如何度过自己的一生，这是必须要慎重选择和决定的。

我们的生活我们自己做主，任何情况下，我们只有主宰人生，才能算得上是人生的强者。否则，在别人的安排下，哪怕我们生活得很好，也会因为失去人生的主动权，使我们的生活黯然失色。

# 第八章

# 战胜自己，你就跨过了人生中最大的栅栏

罗兰曾说：“最强的对手不一定是别人，而是我们自己。在你战胜别人之前，你必须先战胜自己。”人生充满了风雨，在路途中我们也会遇到无数的对手，但是，最强大的对手不是外部，而是我们自己。

## 清理身上的泥土，继续上路

温斯顿·丘吉尔曾说：“一个人绝对不可在遇到危险的威胁时，背过身去试图逃避。若这样做，只会使危险加倍。但是如果毫不退缩面对它，危险便会减半。绝不要逃避任何事情，绝不！”一个人的人生之路不可能总是平坦的，总有曲折甚至是障碍让你不断地跌倒。跌倒并不可怕，可怕的是跌倒之后爬不起来，尤其是在多次跌倒以后失去了继续前进的信心和勇气。我们应该勇敢地站起来，做一个永不退缩的强者，清理好身上的泥土，继续上路。

笑笑刚学溜冰，小心翼翼，非常地紧张，走不了几步路就摔得非常难堪。笑笑伤心地坐在地上，眼里含着泪，看到别人都做得那么好，笑笑感觉非常难受和自卑。

这时候，好友琳娇滑到笑笑面前，将她扶起来，亲切地对她说：“笑笑，溜冰要不怕摔跤，这可是一项从摔跤中走向成功的运动。从现在起，你要准备好摔五十跤，然后你就会溜了。”

笑笑：“真的吗？”琳娇肯定地点点头。于是笑笑坚定地站起来，迈开了步。

一跤，两跤……每跌一跤，笑笑前行的脚步就越发地坚定，她明白，这一次次的失败就是为最后的成功做铺垫的。

数到第二十跤的时候，笑笑便再也不用往下数了。

如果笑笑因为内心的小纠结而放弃的话，那么她就永远学不会溜冰。在朋友的鼓励下，笑笑敢于面对自己的失败，没有退缩，勇敢地重新站起来，所以她终于学会了溜冰。所以说，当你从心底里接受失败，不怕失败，那么你的力量就会更加强大。

有这样一个男孩，他出生在美国的波士顿，从小就遭受命运的不公平待遇，三岁时，他失去了自己最亲的人，一时变成了一个可怜的孤儿。后来，当地一位做烟草生意的商人收养了他，并送他上学读书。善于经商的养父始终不理解爱写诗的他，更不喜欢他，常常骂他是个“白痴”。长大后，他的浪漫不羁与养父的循规蹈矩形成了鲜明的反差，两人不可避免地发生了激烈的冲突，最终他被赶出了家门。

后来，他进了美国西点军校就读，酷爱写诗的他竟然无视校规，不参加操练，而被军校开除，从此以后，他用写诗来打发自己的时光。

在他26岁时，他遇见了生命中最重要的女人——表妹唯琴妮亚。两人不顾世俗的眼光与阻挠，相爱并很快结婚，这是一段令他刻骨铭心的时光，也是他一生中最难以忘怀的美好回忆。

婚后，因为贫困潦倒，他们甚至连每月3美元的房租都无法支付，常常饿着肚子。体弱的妻子因为不堪重负而病倒了，他只能眼睁睁地看着，无能为力。很多人嘲笑他、讥讽他，说他是个十足的“穷鬼”，连自己的妻子都养活不了，而他的妻子面对人们的讥笑，始终对他不离不弃，他们用真爱演绎了世间最牢固的爱情。

在这样困苦的环境中，酷爱写诗的他始终没有放弃手中的笔，每天都在疯狂地写诗，将自己对妻子的爱深深地融入到文字中。他渴望有朝一日能改变现状，让妻子过上好的生活。就是这种强烈的渴望支撑着他，让他忘记痛苦，忘记世间所有的不快，一心只想着要“成功”，要“奋斗”。

然而，尽管他从未放弃努力，但深爱他的妻子还是带着眷恋与不舍离开了他。几近崩溃的他忍着悲伤的泪水，把对妻子所有的爱恋都付诸笔端，终于写出了闻名于世，感人肺腑的经典诗作《爱的称颂》，并最终获得了巨大的成功。

“每次月儿含笑，就使我重温美丽的‘安娜白拉李’的旧梦；每次星儿升空，就像是我那美丽的‘安娜白拉李’的眼睛，因此啊！整个日夜我要躺在——我爱，我爱，我生命，我新娘的身旁，凭吊那海边她的坟墓……”如此深情的诗文，让人感动、难过，想必他的爱妻如果泉下有知，也该感到欣慰了。

他是爱伦坡，美国历史上伟大的作家和诗人。他用自己的一生证明了他的坚强不屈和永不言弃，不管环境多么的恶劣，不管他人对自己有何偏见，他一直坚守着自己的梦想，即便前方的路很远很累，可是他没有停下前进的脚步，而是一步步走向了梦想的巅峰，他用自己的实力向整个世界证明了自己，即便身处逆境，他也照样能走出灿烂的人生，因为他坚信自己是

一个永不退缩的强者。

成功需要能力与智慧，更需要勇气和信念。没有人能随随便便成功，成功只会青睐于那些坚守梦想永不放弃的人，不管经历多少磨难，都不要丧失你的动力。对于成功者来说，失败一次、两次，只是在学习成功的方法，失败三次、四次或者更多次，只是说明还没有真正找到成功的方法，因此他们一直做的就是坚持下去，不断地努力，直至成功的那一天。

## 想要有所作为，就要对自己狠一点

人们总是说“想要有所作为，就要对自己狠一点”，可是遇到问题的时候又有多少人能对自己狠下心呢？不用说什么成就一番伟业，就算是生活中戒烟戒酒、减肥瘦身这样的事，很多人，都无法对自己“狠一点”，总是说“以后我肯定不再这样了，这是最后一次”，可是总是这样宠着自己，我们又该如何面对人生的风风雨雨呢？

只要能对自己“狠一点”，做自己该做的事，集中精力，全心全意，毫不懈怠，每个人都能把自己的工作做得很出色。遗憾的是，绝大多数人却总是沉溺在微不足道的“舒适”中，哪怕机会一次又一次从身边溜走。

邓文迪对自己总是非常严格，甚至有点太“狠”。她把自己的学习和生活安排得满满当当，忙碌的程度简直令人难以想象。她每天早晨6点起床上学，11点多一下课就要赶到中餐馆打工，一直做到晚上10点，才能回家看书，刻苦研读熬到深夜。由于大家都在打工，所以好似拼命三郎的邓文迪不但不觉得苦，相反还觉得很有意思。邓文迪在读中学时就相当刻苦，在她报考耶鲁大学的工商管理硕士时，数学这一门竟得了满分。她说，“感觉那些大学课程，我在中国念高中时就读过了”，就是在这样的努力下，邓文迪终于成功读完了4年的工商管理课程，拿到了硕士学位。对于这段经历，邓文迪非常自豪，觉得对自己虽然有点狠，但是能够自己养活自己是很有意义的。

回忆起在耶鲁大学做学生时那些紧张忙碌的日子，邓文迪的内心总是特别充实而快乐。她并不觉得自己过得又苦又累，因为在耶鲁大学的那段美好时光让她第一次找到了自己的理想。那时候美国的大学都是课时学分制，只要考试考得好就是好学生。求知欲极强的邓文迪对考试最是拿手，所以成绩总是出奇地好，这也是她刻苦学习的结果。那时候，仿佛全世界优秀的人才，都聚集在一起做朋友。耶鲁大学的那些同学爱好广泛，事业都很成功。

如果邓文迪不懂得对自己狠一点的意义，那么就不会如此刻苦学习，努力做最好的自己。最终她成功了，她用自己的努力证明了自己。在困难面前，有的人迷茫了，认为希望就像肥皂泡一样破灭了。但就是这个时候，我们更应该懂得这只是我

们人生真正考验的开始。想成功，就要对自己狠点儿。我们应该面对困难坚决不妥协，想尽一切办法去克服它。

人就是一根弹簧，越是有压力的时候就越能显示出自己的能力。这个比喻很贴切，所以说，希望我们能够做到像弹簧一样，在压力面前有一股反弹力，遇到挫折而变得更加坚强。

## 最大的折磨，就是内心的感知

在这个世界上，最了解你的人就是你自己，人生中最大的敌人同样是自己，一切困难的产生都源自我们的心中，当你明白所有的折磨和障碍全部是自己制造的时候，我们就有机会真正克服它、战胜它。人生最大的敌人是自己，只要战胜了自己，就跨过了你人生中最大的栅栏。

孟子说“天将降大任于是人也，必先苦其心志，劳其筋骨，饿其体肤，空乏其身……”上天折磨我们正是要降我们以大任。如果我们在折磨中能够保持乐观的心境，磨炼更加坚强的意志，那等到大任到来的那一天，我们才会更加从容淡定，沉着应对。如果我们一直呆在安乐窝里，那么，面对大任，我们就会感到茫然无所适从，面对大任中的困难我们就会退却，从而失去成大事的基本素质。所以，面对折磨我们要锻炼更坚强的意志。

正德年间，朱宸濠起兵十万攻下九江与南康，当时王阳明正准备前往赣州，因为他知道宁王起兵只能在赣州，他决定去找曾经一起作战且非常了解的伍文定。但是，当他打算坐船去那里的时候，却遭遇南风，因为赣江要向北，而南风逆行，所以船根本走不动，而这时朱宸濠已经知道王阳明的行踪，并派兵来追击。前路不通，后有追兵，王阳明在绝境之中向上苍祷告：如果上天眷顾天下苍生，就让风向改为北风，说来也巧，等他祷告完了，风向果然变了。

尽管风向变了，但船还是无法行驶，因为船工害怕追兵，王阳明无奈之下只好拔剑将船工的耳朵割下。虽然这样，船还是走得很慢，完全没办法摆脱追兵。就在这危急关头，王阳明有了主意，他与自己的谋士雷济一起跳上小渔船走了，不过在上渔船的时候，他又担心还在大船上的夫人与儿子，但是如果不及时离开，就无法摆脱朱宸濠的追兵。情急之下，王阳明的夫人拔出剑，逼迫其乘坐渔船离开。等到朱宸濠的追兵赶到，发现船上根本没有王阳明。

尽管处境艰难，王阳明还是战胜了自我，以自己的聪明才智摆脱困境。恐惧源于想象，折磨源于内心。一个人内心的屈辱感，对现实的恐惧，对未来的绝望，更能折磨一个人。世界上自杀最多的人是诗人、画家、哲学家，并不是因为他们面对了更多的折磨，而是他们感知折磨的心最敏感，内心不敏感，不足以捕捉生活中的异相，成就作品，内心过于敏感，就更容易感知痛苦、折磨，更容易厌世、轻生。

或许你不知道，有一种体型肥胖的巨蜂生活在非洲中部地区干旱的大草原，它们的翅膀很小，脖子又粗又短。不过，它们最大的特点是能够在非洲大草原连续飞行250千米，且比一般的蜂飞得更高。平时它们就会躲在岩石缝隙或者草丛里，当发现食物才会飞出来。而且它们非常聪明，能够在一个地区天气变得恶劣时成群结队地逃离，去天气更好的地方。这比其他普通的蜂更聪明，因为其他的蜂只会束手无策，结果死于恶劣的天气。

这种强健的蜂因而被科学家们称为非洲蜂。不过，在研究这种蜂的过程中，科学家们发出了疑问：根据生物学的理论，这种蜂因体型肥大、翅膀十分短小，在能够飞行的物种中飞行条件是最差的，甚至还不如鸡、鸭、鹅。特别是在蜂同族中，它更是不值得一提。若是根据物理学的理论，由于它的身体和翅膀的比例，它完全是不能够飞起来的，所以它能飞完全是不可思议的事情。

这是怎么回事呢？

按照科学家的理论，这种蜂不要说自己起飞，就是我们用力把它扔到天空去，它的翅膀也不可能产生承载肥胖身体的浮力，会立刻掉下来摔死。可是事实却是恰恰相反的，它不仅仅不用借助我们的力量，能完全依靠自己的力量飞行，而且是飞行的队伍里最为强健、最有耐力、飞行距离最长的物种之一。科学家们从来也没有遇到过对科学这样残酷的挑战。因为在这个小小的物种面前，所有关于科学的经典理论都不成立。

折磨分为两个方面，一方面是你肉体、心灵实际受到的折磨，另一方面是你的内心对它的感知程度。我们内心的屈辱、恐惧、绝望就是一个放大镜，它会让你受到的实际折磨无限扩大，直到觉得无法承受。

一个人最大的敌人就是自己，最大的折磨，就是内心的感知。这并不是要我们麻木无知，而是要我们锻炼心理的承受能力。既然折磨是我们人生中不可缺少的一部分，那就让自己享受折磨，在折磨中变得更加坚强，更加沉着和成熟，收获更加坚韧丰富的人生。

人生最大的磨难，不是生活给了你多少折磨，而是你的内心怎样对待它。只要我们拥有宽广的心胸，坚强的意志，乐观的精神，就能够笑着面对任何苦难和折磨，就能把折磨我们的地狱，变成天堂。

## 发掘潜力，展示人生的真正实力

现代社会，有很多人以赚取多少钱、当多大的官作为衡量人生的标准之一，觉得人生就是当官赚钱，也因此对人生的定义产生了偏差。毋庸置疑，人生的确需要一定的经济基础才能获得更好的生活，但是如果人生把金钱和物质作为唯一的目标，未免太过苍白和乏力。对于真正成功的人生而言，除了金钱和物质，更需要精神层面上的成功，如此才能让人生变得更

加丰盈厚重，也变得更加充实。

当我们回首人生时，所谓的金钱只不过是毫无意义的数字，再大的权势也成为过眼烟云，最让我们难忘的，必然是人生中曾经的精彩经历，诸如我们战胜了多少坎坷挫折，迎接了多少挑战，又有多少次突破了自我的极限，证实了自己的能力……这些才是我们回首人生时最让人感到满意和得意的人生馈赠。

当我们把人生中一个个“不可能”变成了切实的、不打折扣的“可能”，我们必然发自内心地感到骄傲，也因为充分证实了自己的能力而感到成功的喜悦。现实生活中，我们常常看到有些人被禁锢于人生的“不可能”，因而总是处处给自己设置障碍，根本不去进行任何尝试。殊不知，人生的潜能是无限的，每个人都拥有非同寻常的能力，所以只要我们坚定信心和信念，充分发掘自身的潜力，就一定能够展示人生的真正实力。

其实，人生中的有些事情看似不可能，但一旦真正展开实际行动去做，我们就会发现一切并没有我们想象中那么困难，甚至随着事情不断向前推进，再加上我们不遗余力地努力，那些不可能就会变成可能，给我们带来前所未有的成就感和荣誉感。这样的人生才是值得骄傲的、充满挑战的人生，也才能表现出人生的魅力。

1937年，麦当劳兄弟独出心裁，成立了第一家“汽车餐厅”。所谓汽车餐厅，就是定位于给汽车上的乘客服务，帮助那些汽车驾驶员在不离开汽车的情况下，也能顺利购买饮料和三明治，从而给他们带来了极大的便利。如此新鲜的经营模式，给汽车驾驶员购买食物和饮料带来了极大的便利，因而很快就为麦当劳餐厅吸引了众多的顾客，也使得麦当劳餐厅的生意越来越火爆。然而，人们对于好创意的模仿总是非常神速的，很快，有相当数量的餐厅都模仿麦当劳餐厅的经营模式，也让服务员把食物和饮料送到汽车驾驶员的手里，因而导致麦当劳餐厅的经营遭遇严重危机，曾经生意火爆的他们因为失去独特的竞争力，经营状况越来越差。

面对前所未有的困境，麦当劳兄弟丝毫没有放弃，而是想尽一切办法改善公司的经营情况，想要使公司再次恢复生命力。后来，麦当劳兄弟决定从“快”字上大做文章，他们把餐厅变成了快餐店，顾客来到餐厅之后只需要等待非常短的时间，就能吃到美味的食物，喝到饮料。就这样，麦当劳餐厅再次以简便快捷，使得经营状况急速好转。后来，麦当劳兄弟居安思危，不断改善餐厅的经营模式，也不断推陈出新，出奇制胜，最终实现了厨房的标准化和自动化，进入产业经营的模式。

麦当劳餐厅之所以能够不断发展壮大，形成如今遍布全球的伟大局面，就是因为麦当劳兄弟从一开始面对危机时，就给餐厅定位了绝不在困难面前低头或退缩的经营理念。后来虽然顺利度过危机，但是他们依然居安思危，绝不以逸待劳。在他们的不断挑战和创新之下，麦当劳餐厅实现了良好的发展，并且最终确立了其在快餐业至高无上的领导者地位。

常言道，哀莫大于心死。假如我们在面临人生所谓的“不可能”时，首先从心理上否定自己，限制自己，导致自己根本不想进行任何尝试，那么我们自然无法成功地突破人生想当然的极限，也就无法最大限度发挥人生的潜能。只有心中怀着希望，也绝不轻易认输，更要不遗余力地做出尝试，我们才能实现人生最大的可能性。就像麦当劳兄弟一样，假如他们轻易放弃，在遭遇困境的时候不再努力尝试，而是甘于命运，那么麦当劳一定不会有现在如此大的规模和良好的经营运转情况，快餐界也会少了一个传奇。

作为美国大名鼎鼎的钢铁大王，卡内基也曾说过，他理想的优秀员工并非一定要有多高的学历，而一定要有勇敢挑战人生中“不可能”的精神，还要有钢铁般坚定不移、顽强不屈的意志。的确，也只有这样的人才能迎接人生和工作中的重重挑战，从而为人生创造非凡的成就。

现代社会正处于飞速发展之中，事情每时每刻都在不停地变化，而且人才济济，竞争异常激烈，我们要想出人头地，必须坚持挖掘自身的潜能，勇敢迎接人生的挑战。尤其是在职场上，很多职场人士都陷入平庸之中，因而人生和事业都没有太大的起色，在这种情况下，要想改变现状，突破现状，我们就要摆脱内心对于未知不可把控的控制欲，挑战极限，超越极限，从而把所有人生的不可能都变成可能。这样的人生，才是真正精彩的人生，也才能做到没有遗憾，勇往直前。

# 抵制人性弱点，才能重新上路

王阳明少年时期曾到居庸关去“见世面”，他深深地被大漠风光吸引，回来之后向父亲表达了以几万人马讨平鞑靼的志向，父亲当即批评他太狂傲。之后，王阳明经过一番思考、自省，向父亲承认了自己的错误。因为善于潜修，所以他最终成为了一代圣贤。优化自身的最佳途径，就是抵制人性弱点。

一个人，不管他有多么伟大或是多么坚强，都会存在着这样或那样的弱点，有着自己的软肋。一旦这样的弱点被他人击破，便将难以成功。而现代社会，本来就是一个到处充满着诱惑、陷阱的社会，诸如金钱的诱惑、美色的诱惑、名利的诱惑、地位的诱惑、情感的诱惑等，在人性弱点的延伸下，我们往往会迷失了自己。每个人都有弱点，欲望越多的人弱点也就越多，陷入深渊的可能性也就越大。

在成长的过程中，不断检查自己，不断反省自己，不断管理自己，就会减少自己身上的弱点。在未来的行程之中，我们就会少一些心灵上的纷扰，多一些自在。在人生的道路上，我们会面对各种不同的挑战，但是，我们最大的敌人并不是别人，而是自己，所以我们更要勇于挑战自我。一旦发现自己的某些弱点比较突出，有可能对自己人生造成破坏性影响的时候，一定要紧急刹车，抵制人性弱点，这样我们才能重新上路，走向成功。

对于约翰尼·卡特来说，即使自己的梦想实现了，人生的

挑战也还没有结束，在几年的巡回演出过程中，卡特的身体被拖垮了。每天晚上，卡特都需要借助安眠药才能入睡，而且，还需要服用“兴奋剂”来维持第二天的精神状态。逐渐地，卡特沾染上了坏习惯，酗酒、服用催眠镇静药和刺激兴奋药物，坏习惯越来越严重，导致他对自己失去了控制能力，在以后的日子里，他不是在舞台上就是在监狱里。有一次，卡特从一所监狱刑满出狱的时候，一位行政司法长官对他说：“约翰尼·卡特，今天我要把你的钱和麻醉药还给你，因为你比别人更明白你能充分自由地选择自己想干的事，这就是你的钱和麻醉药，你现在就把这些药片扔掉吧，否则，你就去麻醉自己，毁灭自己，你自己作出选择吧！”卡特一瞬间醒悟了，他选择了生活，他找到了私人医生，痛下决心戒掉坏习惯，医生不太相信他：“戒毒瘾比找上帝还难。”卡特决心“一定能找到上帝”，他开始了漫长的戒毒之路，卡特将自己锁在卧室闭门不出，忍受着巨大的痛苦。当时，在卡特面前有麻醉药的引诱，有奋斗目标的呼唤，卡特选择了奋斗，漫长的9个星期过去了，卡特回归了久违的正常生活。重返舞台后，卡特成为了一名著名的灵魂歌手。

一个人想要征服世界，首先要战胜自己。在日常生活中，我们很容易就会陷入自我的泥潭而无法自拔，沾染上一些坏习惯，整个人变得颓废不堪。学坏总是那么容易，而要想学好却是难上加难，为了避免自己一不小心走“下坡路”，我们应该时刻警惕自己的行为，努力走向上坡，然后欣赏别样的风景。

抵制人性的弱点，可以有效地管理好自己，而这当然需要极强的自制力。比如，列宁就是一个自制能力极强的人，他在自学大学课程的时候，为自己安排了严格的作息时间表：每天早餐后自学各门功课；午餐后学习马克思主义理论；晚餐后适当休息一下再读书。本来列宁是很喜欢下棋的，一下起来就痴迷了。后来他感到这太费时间了，毅然戒了棋。当然，这只是一件生活中的小事，但凡事都是从小事开始，如果我们有毅力去改变自己生活中的一些小事，又何必担心不能抵制人性的弱点呢？

哲人说："贪图享乐是厄运的源头，克制好自己的欲望，做好自己的事情，才能平平安安地度过自己的人生之旅。"随时警惕自己的行为，不要让自己踏上贪图享乐之路，无论是欲成大事者，还是一个普通的人，都应该学会自制。

## 只有想不到，没有做不到

人生路上，我们因为许多想当然的不可能，最终放弃了自己的梦想和理想，也使得我们在人生路上变得更加无望。其实，这种从不可能而来的放弃，是最容易耗尽人的勇气和信心的。勇敢，不仅仅是一种胆量，更是我们内心深处流淌出来的力量。一个真正勇敢的人绝不会盲目自信或者自卑，更不会想当然地处理事情。相反，哪怕面对人生路上的重重困难和阻碍，他们也会不

遗余力地努力，坚持不懈地尝试，最终为人生的发展提供动力，从而也把诸多的不可能在汗水和泪水中变成可能。

现代社会，很多年轻人都非常鲁莽，内心浮躁，但是他们偏偏意识不到这个问题，而觉得自己是勇敢者。实际上，勇敢不仅仅是一种热情，更是一种气度，唯有当勇敢能够促进我们人生的成功，帮助我们最大限度实现梦想，才能对我们的人生起到推动作用。我们要想真正做到勇敢，也必须要准确区分勇敢和鲁莽，才能更加深刻理解勇敢的意义。

作为美国第一汽车制造商，亨利·福特的成功无疑让无数人羡慕。然而，他虽然取得了巨大的成功，却从未停止自己的脚步。多年前，亨利·福特决定对先进的T型车发动机的汽缸进行改造工作。他命令工程人员设计出一个更加先进的引擎，而且要求引擎必须具有铸成一体的八个汽缸。然而，在当时的条件下，几乎每个工程技术人员都觉得这是无法完成的任务。尽管这是福特下达的命令，他们还是毫不迟疑地一口回绝，并且从科学的角度尽量向福特解释这个世界上根本不可能有他所设想的引擎。对此，福特毫不气馁，而是斩钉截铁地说："你们必须研制出这种引擎。"工程师们异口同声地回答："不可能！"他们想要打消福特不切实际的幻想，但是福特却再次命令他们："现在就去做，坚持做下去，不管花费多少时间，都可以。"

被福特的信心感染，工程技术员们只好无奈地展开研究。除非他们离开福特公司，否则他们就要接受福特的命令和安排。半年之后，他们的研究工作没有取得任何进展。尽管他们之中的每个人都非常努力，但是“不可能”似乎成为一个魔咒难以打破。转眼之间，又是半年，工程设计员们开展研究已经一年了，依然毫无头绪。对此，福特义无反顾：“继续研究，我必须得到这样的引擎，我们决不能放弃。”最终，在福特的坚持下，工程设计员们真的研究出了符合福特要求的气缸，福特公司因此把所有的竞争对手都远远抛下。

如果不是福特充满了信心和勇气，他很难让那些坚信“不可能”的工程设计员们，最终研发出他梦寐以求的引擎。要知道，那些工程设计员们可是专业人士啊，面对他们的一口回绝，福特却有勇气继续坚持，哪怕等了很长的时间都毫无进展，他也无怨无悔。

不得不说，福特是一个充满勇气的人。所以，他才能成功战胜挫折，获得自己想要的结果。一个人只有勇敢地迎接挑战，才能创造奇迹，否则一味地逃避只会使可能也变成不可能。

我们必须记住，这个世界上只有想不到，没有做不到。只要我们坚持不放弃，绝不告诉自己“不可能”三个字，那么我们就能鼓起勇气，把那些不可能变成可能，把那些可能最终变成我们引以为傲的成功。

# 第九章

## 坚持尝试，为自己营造吸引好机会的磁场

失败了，你可能会失望；但如果不去尝试，那么注定要失败。一件本来没有希望的事情，如果你大胆尝试，往往是可能会成功的。失败虽然痛苦，但更糟糕的是从来没有去尝试。只要坚持尝试，就能为自己营造吸引好机会的磁场。

# 不需要等待机会，而是创造机会

人是有磁场的，所以很多人总是能够吸引来成功，但是很多人却总是无法摆脱失败的厄运。归根结底，这并非是厄运相随导致的，而是因为我们没有营造好成功的磁场，也缺乏磁场吸引机会到来，所以我们的人生才会非常局促，最终导致我们总是与成功无缘。

无论我们怎么抱怨机会的不公平，我们都必须承认，机会对于每个人都是公平的。举个最简单的例子，同样面对机会，做好准备的人抓住了，没有做好准备的人无法抓住，那么抓住机会的人获得了成功，没有抓住机会的人最终失败，这该抱怨谁呢？

很多获得成功的人都再三强调，我们无须被动地等待机会，而是要主动出击，抓住机会。归根结底，机会是我们争取来的，而不是我们被动地等来的。伟大的亚历山大当年成功攻占了敌人的一座城池，当有人问他如果有机会是否选择继续战斗时，他不屑一顾地说，他不需要等待机会，而是可以创造机会。毫无疑问，亚历山大之所以能够成为举世闻名的大帝，自然有他与众不同的地方。纵观古今中外，每一个成功者，都有勇敢果断的魄力，所以他们才能拥有机会的磁场，吸引机会接二连三地来到他们身边，而他们也能当机立断抓住机会，创造

自己伟大不凡的人生。

如今，缺乏工作经验的大学生毕业后，找工作成为一大难题。小马深知其中的道理，因此从大四下学期开始，他就经常去人才市场，想要多多了解人才市场的情况，从而更有针对性地找工作。每次去人才市场，都人山人海，但是却很少有单位招聘，而且合适的单位就更少了。为此，他虽然每次都带着简历去，却很少投递简历，总是看看就回到学校，继续上网找相关单位的情况。最终，他瞄上了市区的一家企业。这家企业不但知名度高，而且目前正在为了一个大项目征集标书的策划方案。这恰巧与他大学所学的专业对口，是他所擅长的。

小马再也不四处闲逛找工作了，而是当机立断，想方设法打听到那家公司竞标项目的相关情况，然后每天图书馆一开门就去图书馆，查阅了大量资料，针对那家公司的项目要求，做出了一份详细的标书策划书。完成策划书的第二天上午，他带着策划书直接面见总经理，并且把自己精心制作的标书交给了总经理。当时，总经理正好急着找好的策划方案呢，因而并没有拒绝“从天而降”的他，而是把策划书留下来认真看了。果不其然，总经理对于马上毕业的大学生能够做出这样的策划书，感到非常惊讶。次日就打电话给他，让他来公司签订劳务合同，等到他一毕业就可以马上上岗。而且，总经理还承诺他，在他没有毕业期间做出的策划方案，只要被录用，就会给予他一定的现金奖励。小马很高兴，因为这恰恰是他努力想要

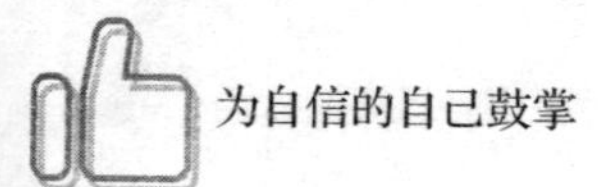



得到的结果。

朋友们，很有可能，你的确是一块金子。但是，是金子也有可能被埋没，导致光芒无处绽放。因而，我们要想获得成功，就必须学会主动发光，学会创造属于自己的舞台。人们常说的酒香不怕巷子深，放在现代社会已经完全不适用。我们要想出人头地，就必须首先做好营销，这样才能让我们得到他人的赏识，从而得到机会展示自我，获得成功。

朋友们，记住：人生短暂，机会不是等来的，也不是从天而降的。我们必须主动创造机遇，才能造就超强的磁场，吸引机会不断来到我们的身边，成就我们。假如你们现在还在被动地等待，那么马上转化思路，让自己成为机遇的磁石和缔造者吧，相信你们从此之后一定会拥有与众不同的人生。

## 清晰计划，努力向前行

每个人都想让自己的人生变得更加充实精彩，但许多人也只是想想而已，如果没有计划，人生就会陷入浑浑噩噩的状态，也会茫无头绪，很多事情都做不好。实际上，要想改变人生的糟糕状态，就要积极地制订计划，这样才能按部就班地生活，人生也才能从容不迫。也许有些朋友会说，有了计划之后，也未必能够完全按照计划去做。的确如此，人们常说，计

划不如变化快，正是这个道理。但是即使我们无法完全按照计划去做，制订计划也是很有必要的。因为计划可以未雨绸缪，提前把很多事情规划好，这样一来，对于未来会有更大的指导作用，也会有更加积极的意义。

即便不会完全按照计划去做，但是也要在有计划指引的情况下，人生才能有条不紊地进行，各种事情才会更有条理和规划。细心的朋友会发现，在做事情的时候，有计划和没计划是截然不同的，所以不要觉得计划是摆设，也不要觉得计划可有可无，只有有针对性地制订计划，也有的放矢地完成计划，人生才能更加按部就班地进行下去，也才能效率倍增、事半功倍。

为了证明计划对于人生的影响力和巨大作用，哈佛大学一位大名鼎鼎的社会学教授，专门对1000位即将从大学校园毕业的学生进行了调查。教授的问题只有一个，而且听起来很简单，那就是——你对人生有清晰的计划吗？大部分学生对于这个问题都表示否定，少部分学生对于这个问题点头。但是当教授让他们写出清晰的计划之后，发现那些点头的学生中也只有极少数对于人生的确是有清晰计划的，而其他学生只是对于人生有模糊的设想而已。最终，教授统计出精确的数据，只有4%的学生的确对于人生有清晰计划；其次有16%的学生自以为有计划，但是只是朦胧的设想；80%的学生对于人生根本没有任何计划。

这是一项跨时很久的研究。直到30年后，教授才再次回访这些学生，看看他们在走出校园30年之后拥有怎样的人生。调查的结果与当年的统计数据吻合，80%的学生对于人生没有计划，为此生活浑浑噩噩，也没有突出的成就。16%的学生对于生活有模糊的计划，为此他们成为社会的中产阶层，过着不错的生活。4%的学生对于人生有着清晰的计划，他们全都成为社会的精英人士，做出了伟大的成就和贡献。

教授的研究结果告诉我们，人生就是需要有计划的，这样才能有的放矢地去努力，也才能在努力之后有好的收获和结果。否则，如果总是懵懂无知地前行、浑浑噩噩地生活，最终人生就会陷入被动的状态，也会因为效率低下而浪费宝贵的生命。

记住，一个人是否有着远大的梦想，决定了他在面对人生的时候所采取的态度。为此，要有远大的梦想和志向，也要为了实现梦想而不断地坚持、持续地进步，才能在生命历程中迸发出力量，也才能在成长过程中更加快速地成长。当然，计划也要有目的性，既不要把目标定得过于远大，使自己认为根本没有可能实现，而变得颓废沮丧；也不要把目标定得过于低，否则就会让人生陷入无须奋斗的慵懒状态，导致人生有太多的障碍和前进的阻力。只有恰到好处的目标，才能让人生更加充满力量，也才能让个体变得强大起来。记住，人生不会有一蹴而就的成功，也不会有天上掉馅饼的好事情，只有在清晰计划的基础上一步一个脚印，努力向前，人生才能不断地积累宝贵的经验和资本，也才能坚持向前、绝不懈怠。

## 机会从来都是成功的跳板

钢铁大王安德鲁·卡内基曾经说过：“机会从来都是自己努力创造的，任何人都有机会，只是有些人善于创造机会罢了。”诚然，天下并没有免费的午餐，也自然不会有平白无故就砸到你头上的机会。仔细观察，你会发现，但凡成功者，都是善于创造机会的人。他们总是在有机会的时候立刻抓住机会，没有机会的时候就去创造机会。

机会从来都是成功的跳板。聪明的人从来都不会浪费时间在白白等待“机会从天而降”这件事情上，因为他们知道，机会从来都不是平白无故掉下来的。他们总是主动而积极地向机会扑过去，从千万个机会中打捞自己真正想要的“黄金”。或许有人会说，机会多么的难得，哪里能够说创造就创造。很多偶然性的客观机遇固然需要等待，但我们自身的主观能动性却更加应该被重视。并且，等待机遇的过程也并不应该就是被动的。它同样需要你有积极的准备，需要你学会主动出击。如果你学不会主动争取，请记住这样一句略微刺耳却中肯的话：或许你自认为自己是这个世界上最为独一无二的存在，但是清醒点吧，像你一样平凡的人一抓一大把，比你优秀的人也比比皆是，比你优秀还比你更加努力的人更是数都数不清，当你自恃好运会格外眷顾你的时候，不过是盲目自信以及自欺欺人罢了。

树上村田是日本著名牙刷公司的一名普通工人。有一天，他

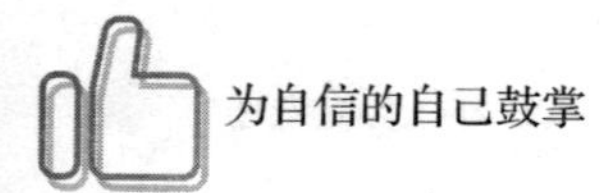



稍微起得晚了一点，急急忙忙刷牙去上班。结果因为刷牙太过匆忙，他的牙龈都被刷出了血，很是影响心情。为此，树上村田很生气，也很郁闷，在去上班的路上仍是一肚子的牢骚和不满。

到了公司以后，偶然的一次机会，他得知其他的同事也有这样的烦恼，这让树上村田看到了机遇。他决定要着手调研一下“为什么刷牙会造成牙龈出血”这件事情，是因为牙刷材质的问题还是刷牙习惯的问题呢？于是他召集有相同烦恼的几个同事，聚在一起想办法解决刷牙容易伤及牙龈这个问题。

为此，他们想了不少的解决方案。比如，将牙刷毛改为柔软的狸猫毛；在刷牙前先用热水将牙刷毛泡软；多用些更好的牙膏；改变刷牙的速度，开始慢悠悠地刷牙……可惜的是，这些实验的结果最终都不太理想。后来，他们进一步对牙刷毛的材质进行放大检查。在放大镜的底下，他们却发现，原来牙刷毛的顶端并不是看上去的尖尖的形状，而是四方形的。那就怪不得牙龈总是会出血了！于是，他们着手进行改进，将牙刷毛的顶端改成了最圆滑的球形。这次，他们实验成功了，用这样的牙刷刷牙，即便早上很匆忙，牙龈也不会轻易出血。

没过多久，公司高层正准备全厂征集改良牙刷、促进销售的新方案。树上村田他们改良的牙刷已经取得的良效获得了公司高层的一致认可。在进一步实验论证以及成本核算之后，公司高层决定立即更换生产线，将所有的牙刷产品都改进为顶端为球形的牙刷毛。改进产品后的牙刷在广告媒介的适当推动之

下，很快打开了更多的销路，连续畅销十多年，一跃成为销售量占全国同类产品30%~40%的牙刷大王。树上村田也由此从普通员工晋升为主管，十几年后成为了该公司的董事长。

刷牙时导致牙龈出血其实是一个大家都遇到过的很普遍的问题。但是，又有多少人想到过要为此解决问题并为自己创造下一个发展的机遇呢？生活往往就是这样，在某种意义上，问题就代表着机遇，没有问题，也就不会有机遇存在的可能。因此，总是生活在问题中的我们，其实应该要怀抱感恩，拥抱思考，遇到问题的时候多多思考该怎么解决，这样才有可能会遇到有助于自己发展的真正机遇。

有没有机会，能否得到机会，其实关键是看你以什么样的态度，什么样的角度来对待身边的这些机会。成功从来就不会凭空来到我们的身边，总是要靠我们积极的行动去创造。身为普通大众中平凡的我们想要获得成功，就必须要多花一些心思，多努力一些，才有可能得到命运的垂青。如果我们一直被动等待，等着别人用金盘子将现成的机会送到我们的面前，显然是并不现实并且不可能的事情。因此，希望你我在未来奋斗的日子里面都能够时刻牢记：良好的机遇要靠自己来创造。

依稀记得上大学的时候，有一个同学名叫阿花。阿花是个挺心高气傲的姑娘，平时做什么事情都喜欢端着自己。临近毕业的时候，其他同学都早早找好了公司前去实习，阿花却左挑右挑一直没有结果。我们都劝她先找一个对口的公司积攒经验要紧，但是阿花并不这么认为，一心想要找个上市公司，用她的话说："只有上市公司才能让我心甘情愿地发挥自己的才能。"然而，事与愿违的是，阿花最终还是没能如愿走进心目中的上市公司，只好去了一家小公司"栖身"。

阿花的目的很简单，也很明确：先进这个小公司，一边拿工资养活自己一边再伺机找更好的机会。抱着这样的心态，阿花在小公司里开始了自己的工作。小公司毕竟是小公司，很多管理制度还没有完善，老板也是在各种摸索中不断地推翻再改革。在这过程中，阿花的反感情绪日渐积累并日益高涨。不论是公司管理制度的不完善，还是公司同事的不修边幅，都能够触发阿花敏感的神经，引起她的生气情绪。就这样，阿花在公司里越来越消极悲观，遇事也不主动解决而是能躲就躲，每天都哭丧着一副脸，做点小事就怨天怨地。

很快，三个月的试用期就结束了。老板找到阿花，对她说道："我们认为呢，你的确是个人才。但是你显然对我们公司有很多的不满，也不想跟着我们公司共同成长。既然这样的话，我们公司这座小庙供不下您这尊大佛，还是请您另谋高就吧。"

阿花听了老板的话，整个人都是懵的，她看不上眼的小公司居然还能主动将她辞退掉。这时，阿花才开始反省自己：任何一个大公司其实都是从小公司的基础上不断发展演变而形成的。而最重要的是，依据自己目前的工作经验，重新再找一份像样的工作也并不容易。这时的阿花才想起来其实当初自己进

这个小公司也并不是十分轻松的，也是付出了一定的努力准备才成功的。而今，面对自己已经被辞退的事实，阿花从心底里后悔万分。然而，一切已经于事无补。

生活中总是不乏像阿花这样的人，总认为是诸多的客观因素限制了自己计划的执行，实则恰恰相反，只有拥有高度的执行力，配合切实可行的计划，从当下的工作做起，从一点一滴的小事做起，并不懈地坚持下去，才会取得理想的效果。

再伟大的目标，再宏伟的计划，如果没有高度的执行力将其付诸实际行动，最终的结果也都只会是一纸空文。只有高度的执行力才能够将手上的工作做得更好，也只有行动才会产生实际的结果，因而，行动是成功的保障，高度的执行是取得成功的工具。想法再好如果没有实际的行动相配合，最终的结果都只会是纸上谈兵。不论是在生活还是在职场中，我们都需要能够产生成果，可以创造成绩的行动。因此，无论你从事的是什么样的工作，无论你的生活正处于什么样的阶段，想要有所突破就先将心沉下来，然后付诸行动，脚踏实地地去做，做出成绩，成为自我的英雄。当我们学会每天用快乐的心情去面对工作或者生活中的琐事时，你会发现世界有所改变，一切似乎都变得容易了很多。长此以往，当高效的执行变成一种习惯，成功必定会张开双臂拥抱你。

有人说成功始于心态，成功要看你是否拥有足够清晰的目标，成功要看你是否遇到了恰好的机遇。因此，请你牢记：行

动才会产生结果，行动是成功的保证。如果你想要成为自己的人生赢家，想要成为一名深受老板喜欢的优秀员工，想要如期实现自己的所有梦想，最简便快速的方法就是立刻行动起来！

## 创造条件，在有限时间把握机遇

什么是机遇？其实机遇是一种有利的环境因素，让有限的资源发挥无穷的作用，借此更有效地创造利益。所谓“谋事在人，成事在天”，说的是事业的成功在于两方面的因素，一是主观努力，二是客观机遇。很多人在生活中因为抓不住机遇而总是徒留遗憾，最终后悔莫及。是的，机遇就像我们指缝间的时间，稍纵即逝，所以说，当机遇走到我们身边的时候，我们一定要在有限的时间内好好地把握住它。

《飘》这部文学名著在文学史上产生了很大的影响，根据《飘》改编的电影也很受人追捧，其中因扮演女主角郝思嘉而大放光彩的费雯丽也得到了很多人的喜爱。但是我们或许不知道，在接下这个角色之前，她其实只是一个不受瞩目的小演员。她之所以能够因此一举成名，就是因为她大胆地抓住了表现自我的良好机遇。当《飘》开拍时，女主角的人选还没有最后确定。毕业于英国皇家戏剧学院的费雯丽当即决定争取出演郝思嘉这一角色。“怎样才能让导演知道我就是郝思嘉的最佳

人选呢？”这个问题困扰着她。

费雯丽想了很多方法，最终她做出了一个决定，她要自己向制片人举荐自己，证明她是最合适的人选。一天晚上，刚拍完《飘》的外景，制片人大卫又愁眉不展了。正在自己郁闷的时候，他看到楼梯上走下来两个人，那位男士他认识，可是那个女士怎么这么陌生呢？只见她一手扶着男主角的扮演者，一手按住帽子，居然自己把自己扮成了郝思嘉的形象，那双明亮的眼睛，那纤细的腰肢，无不让人们惊艳。当时大卫感到非常好奇，她的举止有一种似曾相识的感觉，正在这时，男主角兴奋地向他喊了一声：“喂！请看郝思嘉！”大卫一下子惊住了：“天呀！真是踏破铁鞋无觅处，得来全不费工夫。这不就是活脱脱的郝思嘉吗？！”于是，费雯丽被选中了。

这就是懂得为自己创造机遇的典型案例，费雯丽用自己智慧去制造机会，因而接下女主这一角色，从而一举成名。朋友们，机遇是非常重要的，我们要懂得为自己去创造良好的条件，这样才能更好地达成我们的目标，实现我们的愿望。

很久以前，住在伯利恒的大卫还是一个小孩子，他有八个强壮的哥哥。

虽然他只是一个孩子，但他长得英俊而强健。当哥哥们去山上放羊的时候，他也跟着一起去。大卫就这样一天天长大，后来，他开始照看一部分羊群。

有一回，大卫正躺在山坡上看羊，突然，一头狮子从森林中冲出来，并叼走了一只羊。大卫想都没想，就去追赶狮子，他纵身一跃，跳到了狮子的身上，抓住了狮子的鬃毛，他赤手空拳就杀死了那头狮子。

随后不久，战争爆发了，扫罗王召集军队去迎战，大卫有三个哥哥随扫罗王出征了，大卫由于年纪小，只能留在家里。一个半月后，大卫借着送食物的名义来到军营，当他到达那里时，只见喊声震天，军队正严阵以待，而对面的山坡上，一个大巨人正大踏步地来回走动着，炫耀着自己的强壮与勇猛。

以色列没有一个人敢前去迎战的，大卫想上前去挑战一下："我要去迎战那个巨人，以色列神将与我同在，我不会害怕的……"大卫的哥哥想封住他的嘴，但来不及了，一旁早有人跑去报告给了扫罗王。

国王下令召见大卫，当大卫被带到扫罗王跟前时，扫罗王看到他是个孩子，便想劝阻。但是，大卫向国王讲述了他如何赤手空拳杀死狮子的事迹，并信誓旦旦地说："既然上帝能让我战胜狮子，那个巨人也没什么可怕的！"

国王允许了："去吧，孩子，上帝与你同在！"

国王要把自己最好的武器赐给大卫，但被他拒绝了。大卫拿出自己的家伙，拎起牧羊童的袋子，背着投石器，离开了以色列军营。接着，他又在小溪边挑选出了五块圆滑的石子，然后就去迎战巨人了。巨人见到对方只是个孩子，便压根儿不把

他放在眼里。面对对方那庞大的身躯，大卫一点儿也不害怕，他勇敢地喊道：“开始吧，拿好你的矛和你的盾。今天，上帝既然把你交到我的手中，我就一定会将你打败的！”

巨人冲向大卫，大卫一扭身子，躲过了巨人的庞大身躯。接着，他把手伸进袋子，掏出一块圆滑的石子，然后将其装上投石器，同时，紧紧地盯着巨人前额上头盔的连接处，拉起投石器，用强健的右臂将石子掷了出去。只听“嗖”地一声，石子重重地击中了巨人的前额，巨人轰然倒地。一瞬间大卫飞奔过去，拔出剑，把巨人的头割了下来。

巨人死了之后，以色列军队士气大增，纷纷冲下山坡，杀向四处逃散的非利士人。战争结束后，扫罗王把大卫召来，并对他说：“你不用回去了，你将成为我的儿子。”大卫就留在了扫罗王的营帐，很多年后，他取代了扫罗王，成为新一任国王。

机不可失，时不再来，我们每一个人都明白这个道理，可是做到的又有几个呢？抓住了机会，我们就可能乘风而起，登上成功的巅峰；如果错失了机会，我们就可能会与唾手可得的成功擦肩而过，因而懊悔不已。你不理机遇，机遇也不会理你，那么你离自己的梦想就会越来越遥远。

当机遇来临时，我们一定要紧紧地抓住，当没有机遇的时候，我们也不要苦苦等待，无所事事，我们要结合时局为自己创造机遇，这样我们才能成为一个有所收获，有所成就的人。

## 留意点点滴滴，从中抓住更多的机遇

在生活中，每个人都抱有雄心壮志，都希望自己能够做下一番大事业，不想一生碌碌无为，可有的人总在抱怨，为什么苹果只砸在牛顿的头上，若砸在自己头上，自己也可以发现万有引力，这种人认为自己是千里马，空有满腔的抱负却无法实现，渴望名声却取之无门。要知道，机会对每个人都是平等的，只有失败者才会拿“没有机会”当作借口，那些成功的人总是善于抓住机会，而失败者只会任凭机会与自己擦身而过。

希凯的老板最近遇到了一件麻烦事，公司刚刚研发的新产品，还没有开始生产，竞争对手就抢先推出了同类产品，而且价格比自家公司的成本价还要低。希凯所在的公司若要推出更低价只会自毁长城，以往的老客户也都被竞争公司挖走了，纷纷毁约，一时间公司到了生死存亡的时刻，如果不能扭转这一局势，公司只能以破产收尾。

看到公司进入这般田地，很多同事都选择了跳槽，他们认为公司已经发不出薪水了，还呆在这干什么呢？还不如及早选择下一家新单位。还有一些没跳槽的员工，整日里也没有心思工作。希凯却有不同的想法，他认为现在正是施展他能力的时候，他有信心帮助老板渡过这个危机。

打定主意后，希凯仔细地分析了公司目前的状况，他发现情况并没有那么糟，如果能将产品再改进一下，更换几个重

要零件，不但能够将价格降下来，产品的性能也能提高一个档次，反而能打开更多的市场。说干就干，希凯联合几个技术人员，加班加点地赶工，经过不断地研究，终于拿出了全新的产品改进方案。

希凯拿着方案找到了老板，老板看后紧紧握住了他的手，几个月后，经过改进的新产品隆重上市，由于之前竞争厂家只为抢市场，一味地进行低价销售，现在已经没有余力竞争，加之希凯公司的产品性能更强，价格适中，很快就收到了大量的订单，曾经毁约的老客户也纷纷慕名而来，要求恢复合作关系，公司终于摆脱了困境，迎来了新的发展。此事最大的功臣希凯也被老板破格提升为公司副总，成为了一名成功人士。

成功固然要靠人的才能和努力，但抓住机遇，不观望、不犹豫同样重要，只有具备勇于尝试的勇气，并有付诸实践的决心，才能取得成功。因此，有些人因为一个机遇而扬名也就不足为奇。正如故事中的希凯，虽然他知道公司正陷入僵局，但同时他也看清这是一个绝佳的机会，如果他能抓住并充分利用好，那自己的前途必将一片光明，于是希凯果断行事，帮助老板解决问题，不但挽救了公司的败局，也为自己开拓了全新的未来。

机遇每个人都曾拥有过，区别只是有人能够抓住而有人任凭它溜走，有的人宁愿等待机遇来临也不愿自己先走出第一步，只能在等待中虚度了自己的时光，在现实世界中迷失了自我。当你感觉机遇已经来临，一定不要白白浪费，多留意生活中的点点滴滴，从中收获更多的机遇，从而走向成功。

有些人总在悲叹上天的不公，抱怨上天没有给予自己发展的机遇，其实上天对待每一个人都是公平的，只是有些机遇并不是那么明显，它可能会在你完全没有预料的情况下出现，因此若想成功，我们就需要提升自己把握机会的能力。

## 除了坚持尝试，成功没有其他的捷径

每个人似乎从呱呱坠地开始，就面临着失败。婴儿还没有睁开眼睛，就开始噘着小嘴四处寻找母亲的乳头，一次又一次，毫不气馁；几个月的婴儿开始练习翻身，谁也不知道他吭吭唧唧地努力了多久，才终于翻了过来；学走路的宝宝常常摔倒，不疼，就站起来继续走，疼，就哭几声，然后站起来继续走；还没有学会走的孩子，就已经想奔跑了，不是磕到这里，就是磕到那里，还有很多孩子为了奔跑，留下了永久性的疤痕；学说话，一次次地发音，从模糊不清到渐渐清晰，期间的努力，只有宝宝知道……然而，人类探索尝试的脚步从未停止。人类的一生是不断尝试的一生，小时候用无数次尝试学会了最基本的语言和技能。长大后，为了生存，我们依然要不停地尝试。

尝试，是检测自己的最好方式。当我们犹豫不决的时候，我们要告诉自己：尝试，或许成功，或许失败；不尝试，百分

之百的失败。看看那些成功的人，他们成功的历程就是尝试，尝试，再尝试。在这个世界上，一蹴而就的成功是没有的。每个人的成功，都经过最卑微的努力，才能获得最璀璨的光芒。要知道，天上从来不会无缘无故地掉馅饼。也许我们努力了很多次都没有成功，但是只要我们从失败中吸取经验和教训，把失败变成成功的阶梯，我们最终一定会成功。在人类历史上，无数的科学家为了造福于后代，坚持不懈地进行科学研究，他们是这个世界上为了成功尝试次数最多的人。尽管其中有些科学家至死也没有完成研究项目，但是他们从未放弃过努力，始终在坚持尝试。

如今，走遍中国的大中小城市，随处可见肯德基。肯德基老爷爷笑眯眯地看着我们，似乎很满意现在有这么多人爱吃他创造的美食。在肯德基家喻户晓的今天，也许有人不知道，肯德基爷爷经历了1009次失败，直到第1010次，才获得成功。他说：一次成功就够了。

肯德基爷爷很小的时候就失去了父亲，家里一贫如洗。为了维持生计，母亲外出打工，肯德基爷爷留在家里照顾小妹妹，还学会了做饭。后来，母亲改嫁，肯德基爷爷经常遭受继父的痛打。无奈之下，14岁的他开始四处流浪。自此，肯德基爷爷开始了艰难的生活。期间，他从军、当工人、卖保险，学法律，还被新婚几个月的妻子夺走了所有的财产，历经艰险。32岁那年，他又失业了，人生坠入了低谷，厄运接踵而来。直到65岁，他经营良好的餐馆又因为政府征地被拆了。肯德基爷爷又一次破产了。

66岁那年，肯德基爷爷开始推销自己的炸鸡技术，历时22年，期间即使命运再怎么坎坷，生活再怎么艰难，他都没有放弃过。直到88岁高龄，名副其实的肯德基爷爷终于成功了，现在，他的名字举世皆知。对于自己的一生，肯德基爷爷说：人们经常抱怨天气不好，其实并非天气不好。只要自己保持乐观和自信，就一直都是晴天。

时至今日，肯德基依然是备受大家欢迎的美食，肯德基爷爷笑眯眯地看着进门的客人，这是对他一生1009次尝试最伟大的回报。

肯德基爷爷的成功，我们望尘莫及。虽然我们很难获得和他一样的成功，但我们却可以借鉴他成功的经验。要知道，失败的原因多种多样，成功的道理大抵相同。那就是坚持，不放弃，即使失败1009次，也要鼓起勇气尝试第1010次。

其实，世界上有才华的人有很多，但是真正能够功成名就的人却很少。究其原因，就是因为大多数人总是犹豫不决，不敢尝试，因此错失了成功的机遇。古人说，“少壮不努力，老大徒伤悲。”在人生的道路上，一旦遇到合适的契机，哪怕成功的机会很小，我们也应该投入百分之百的努力，因为只有尝试，才会给我们带来成功的可能。尝试，是成功的必经之路。除了坚持尝试，成功没有其他的捷径。

# 第十章

## 勇敢向前，内心强大的人更容易获得成功

人生没有退路，我们只有勇往直前，回忆过去只能让自己产生还可以改变的幻想，不要再骗自己，往前看才是人生最应该做的。人生就是一场艰难的修行，只有改变才会有更高的成就。很多时候我们没有选择，唯一出路就是勇敢向前，内心强大的人更容易获得成功。

## 从跌倒的地方爬起来，继续一路向前

古人云，少壮不努力，老大徒伤悲。这句话的意思是劝说人们抓住年轻的时光，奋力拼搏，这样就不会因为老无所成，突然伤悲。的确，人的生命是非常短暂的，长不过百年。在光阴里，没有人能够求得长生不老。既然生命总是这样悄然流逝，一去不返，我们就要抓住有限的生命，做更有意义的事情。当生活不如意的时候，切勿喋喋不休地埋怨。与其埋怨，浪费时间，不如从跌倒的地方爬起来，继续一路向前。在人生之中，决定我们能够走多远的不是我们的双脚，而是我们的远大志向；决定我们能否攀登上人生高峰的不是我们的双手，而是我们的坚强意志。唯有具有远大的志向，而且在实现理想的过程中不因为苦难和挫折退缩，人生才能一往无前。

现代社会，生存的压力非常大。很多年轻人没有任何资本，因而常常觉得自卑。殊不知，年轻人即使没有钱没有经验，也有最大的资本——年轻。因为年轻，我们不怕跌倒。跌倒了，还可以再爬起来，努力前行；因为年轻，我们不担心失败，失败就是积累经验和教训的过程，是帮助我们成长的阶梯；因为年轻，我们不畏惧未来，即使未来是未知的，我们也依然可以勇往直前。年轻，就是最大的资本。试想，那些成功

人士，哪个不是从年轻时的跌跌撞撞一路走来的？平步青云只是一种美好的理想，成功必须脚踏实地，一步一个脚印。

鲁迅先生说，这个世界上本没有路，走的人多了，也便成了路。对于年轻人来说，未必要踩着前人的脚步前进，也可以凭借自己独到犀利的眼光开辟自己的人生之路。即使走了冤枉路，或者走了错路，我们也会因此而看到与众不同的风景。最重要的是，走错了也没关系，还有时间矫正或者从头来过。年轻的心就应该轻狂张扬，肆意放飞自我。对于年轻人来说，当务之急不是不犯错误，而是丰富自己的经验和阅历，为未来的扬帆起航做足准备。

作为全球最大的草根创业者的平台创始人，阿里巴巴的马云现在无疑成了网络销售的风云人物。然而，在富不过马云的时代，也没有几个人年轻时曾比马云更惨过。刚刚毕业的时候，马云求职总是被拒绝，其中有两次都是因为外貌被拒绝的。对于这个长相像外星人的马云，即使是酒店服务员的工作，也将他拒之门外。最终，马云不得不骑着三轮车送货。马云刚开始创业的时候，和朋友合办了一家翻译社。然而，开张第一个月就生意冷清，入不敷出。为了支撑下去，马云不得不开启兼职模式，当起了批发零杂百货的小贩子。后来，马云还上门推销过，经常吃到“闭门羹”。幸好，马云有强大的内心，从未被这一切摧毁。也幸好，马云还年轻，完全有机会重新开始。

做“中国黄页”的时候，是马云最为艰难的时候。那个时候，国内还没有互联网，大家对马云说的内容完全陌生。要为仅凭着三寸不烂之舌说出来的东西付钱，没有老板愿意干。马云的团队为了证明企业的资料确实已经传到网络上，为世界所熟知，还得先证明世界上有种东西叫作互联网。为此，对技术一窍不通的马云只能一遍又一遍地说，逢人就说。直到1995年上海开通互联网，马云终于松了口气，最起码可以让企业客户看到网上的资料和照片了。当时，很多人都因为不了解互联网，说马云是“骗子”。可想而知，马云承受了多么大的压力，创业的路上又有多少阻力。

在决定回到杭州再次创业之前，阿里巴巴团队曾在北京为政府项目工作了一年多。眼看着就要离开北京，马云带着团队一起去了长城。晚上聚餐，整个团队的人都大吃大喝，不停地唱歌。他们都不想面对别离。那天晚上，《真心英雄》是他们的主题曲。当时，30岁的马云第四次创业失败。

即便如此，马云依然创办了阿里巴巴。虽然外人熟知的是阿里巴巴创造的诸多奇迹，却不知道马云在最艰难的时候，公司的账上只有二百块钱。就这样，马云走到了今天。今天的阿里巴巴当然不可与当年同日而语，今天的马云也已不再年轻。然而，马云的青春时代过得轰轰烈烈，无怨无悔。

每个人，都应该有一个值得自己想念和致敬的青春。虽然我们不是马云，但是每个人都有自己的梦想，每个人都应该无

怨无悔地为梦想燃烧青春。年轻的人们，即使你们身无分文，即使你们无立足之地，也不要气馁。因为，你们还年轻。年轻，意味着无限的可能性。年轻，意味着即使犯错也有机会重头开始。

年轻人，让我们扬起青春的风帆，远航吧！

## 执着于梦想，排除万难不断向前

成功需要很多素质，执着也是成功必备的素质之一。很多时候，成功就在转角处，人们往往经历了无数次失败后颓然放弃，也因此与成功失之交臂。倘若爱迪生发明电灯时没有坚持到最后一刻，在成功之前的那次失败就放弃了，那么他一千多次的实验就会前功尽弃，整个世界也会因此要延迟一段时间才能迎来光明。幸好他没有放弃，而是执着于自己的梦想，始终毫不气馁地面对失败，把失败作为成功的阶梯，不断地实验、进取，最终获得了成功。假如屠呦呦在研究治疗疟疾特效药的过程中，遇到困难就退缩不前，那么她也无法成功提炼出青蒿素，更不可能因此获得诺贝尔奖。她在前进的道路上从未退缩，哪怕她和团队成员为了科学实验而身患疾病，也依然从未放弃。正是这样的执着，才让她最终成功攻克了世界性难题，为全世界几百万身患疟疾的人带来了福音和希望。由此不难看

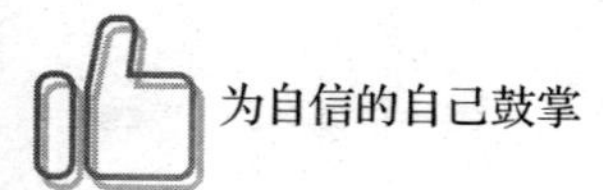


出，一切的成功都来源于执着：对梦想的执着，对理想的执着，对成功的执着。

人生不如意十之八九，每个人的人生之路都不可能是一帆风顺的。唯有坚持前行，跨越层层阻碍和艰难，我们才能翻越人生的高山，达到人生的巅峰。当然，执着要想获得好的结果，首先应该确立正确的人生方向。相信很多人都听过南辕北辙的故事，倘若方向错误了，即便再怎么努力，也只会导致结果事与愿违。因而，我们首先要保证有正确的人生方向，接下来才能在梦想的道路上不断前行，直到成功。

惠特曼从小就喜欢阅读诗集，表现出了对文学的执着热爱。长大之后，他开始执着于文学创作，笔不辍耕地写诗。然而，当他的第一本诗集变成铅字之后，却根本无人问津。为此，他不得不把自己的诗集一本一本地送出去。那个时候，美国大名鼎鼎的诗人们根本不把他的诗集看在眼里，甚至有的大诗人还把惠特曼送来的诗集扔进火炉里当柴火。他们都认为，惠特曼作为一个木匠的儿子，怎么可能写得出高雅脱俗的诗作呢！

惠特曼觉得沮丧极了，他承受着每个人的否定和挖苦讽刺，心简直冰到了极点。正当他感到绝望的时候，声名显赫的英国作家爱默生给他写了一封回信，信中不但对他的作品赞不绝口，而且还毫不吝啬地鼓励惠特曼：“我认为你的作品代表了美国有史以来最杰出的聪明才智的精华。”这句赞赏的话让

心已濒死的惠特曼感受到了希望，也重振了信心。从此之后，他对于诗歌创作投入了更大的热情，最终成为了举世闻名的大诗人，为全世界文学爱好者提供精神食粮。他的诗作至今仍然不断传承。当年，他的那部诗集就是《草叶集》。

如果没有爱默生的鼓励，如果没有惠特曼的执着，也许世界文坛就会少了一位伟大的诗人，《草叶集》也就不会作为人类精神文明的食粮传承下来。我们每个人生活在这个世界上，都难免要遭受坎坷和挫折，也时常会遭受他人的否定和非议。在这种情况下，唯有自信和坚强的心，才能让我们始终保持积极向上的能量和动力，并且执着于人生的梦想和理想，让心中充满希望和光明。

毋庸置疑，一个不够执着的人往往很难获得成功，他们总是因为各种各样的困难退缩，或者半途而废。只有执着于梦想，也能够排除万难不断向前，我们的人生才是更加坚定的。执着就像一把刀，最终把人生雕刻成我们希望的样子，帮助我们顺利达到成功的彼岸。

## 坚持不懈，积小流以成江海

很久以前，有只小青蛙一直在井底生活，因为没有见识过井外的天地，所以小青蛙怡然自得，觉得井底有水、有青苔，

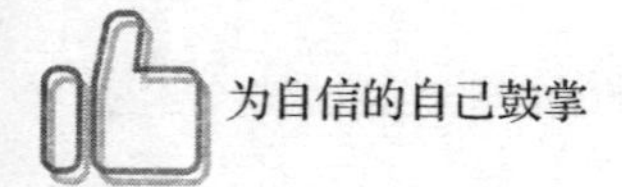


还有各种浮游生物作为美食，日子简直快乐赛过神仙。有一天，因为天降大雨，一只青蛙被雨水冲到井底，才告诉井底之蛙外面的世界多么辽阔，但是井底之蛙根本不相信。后来，在新来青蛙的鼓动下，井底之蛙下定决心跟着打水的水桶离开井底。当到达地面的那一刻，它不由得目眩神迷，也觉得难以置信，原来地面上的世界这么大，大到一眼看不到边。

现实生活中，也有很多人和井底之蛙一样，只是局限于自己的小天地之中，根本不知道外面的世界有多么辽阔和博大。因此，他们鼠目寸光，既不愿意改变自己现在的生活，也不愿意接受新的生活。等到明白自己终究不知道天大地大的时候，他们才会离开井底，也才会无奈地面对未来。其实，与其被动地接受新生活，不如主动地迎接新生活。唯有如此，人生才能有更加开阔的天地，也有更多的可能性。作为井底之蛙，最可怕的不是不知道外面的天地有多么宽广辽阔，而是不知道自己误以为是全世界的地方有多么的狭窄和逼仄。这就像是一个人要改正错误，必须首先知道自己犯了什么错误，才能积极地去改正，否则如果根本不知道自己的错误何在，还谈何改正错误呢？任何时候，人都要有自知之明，才能谋求更好的发展，这是必然的。

当然，人生总是处在一个不断选择的过程中。有人说人生是在错误中成长的，其实错误也是因为选择不当才导致的，因而也可以把人生归结为在选择中成长。对于人生，要想在每

一次选择的时候都做出最正确的决定，就要坚持不懈、砥砺前行，从而才能在未来的时候无怨无悔。很多朋友之所以犹豫不决、迟疑不定，不敢做出选择，是因为他们感到害怕，生怕自己无法承担未来的责任。实际上，从辩证唯物主义的观点来看，凡事都有两面性，既有可能出现好的结果，也有可能出现不好的结果。唯有不断地努力进取，才能争取到好的结果，也唯有坚强勇敢，才有胆识和气魄承受不好的结果。总而言之，没有人能保证自己做出的每一个选择都是正确的，既然整个时代都是瞬息万变的，我们唯一能做的就是把该做的事情做好，这样才能以不变应万变。

还有很多人贪图安逸，不愿意离开熟悉的生活环境和已经适应的安逸生活，完全忘记了生命的时光是非常短暂的。任何时候，生命都不可能重新来过，为此必须抓住各种机会全力以赴去发展，才能在成长的过程中不断地崛起、坚定地进步。常言道，旧的不去，新的不来，人生的状态也是如此。只有适时放弃旧有的生活模式，改变人生的糟糕状态，才能在不断努力进取的过程中收获更多、成长更多。否则，人生就会陷入困厄之中，就会变得止步不前，最终注定要退步。

很多人都喜欢爬山，是因为当到达山巅的时候，他们就会拥有更加开阔的视野，也会看到远处的风景。也有的人觉得疲惫，不愿意那么辛苦地攀登，那么就注定他们只能在山脚下，或者只能在半山腰看看眼前的景色。对于思想和精神，我们同样也要爬到更高的高度。正如一位伟大的人物所说的，要站在巨人的肩膀上。的确，这是人生进步的捷径，因为站在巨人的肩膀上再努力，远远比万丈高楼平地起来得更有效率。记住，人生中的有些路是必须亲自走过之后才能知道是否好走的，人生中的很多景色也是必须亲眼看到之后才能领略到美丽和魅力的。人生没有捷径，成功不会从天而降，朋友们，从现在开始脚踏实地地努力吧，也许你每次只能进步一点点，但是只要坚持不懈，就能够积小流以成江海，积跬步以至千里。

## 既然选择不认命，那就好好努力去拼命

著名作家张爱玲在自己的著作《非走不可的弯路》里有这么一段叙述：“我很感激我的母亲，她让我发现，自己不再年轻，已经开始扮演‘过来人’的角色，同时患有过来人常患的‘拦路癖’。在人生的路上有一条路，每个人都非走不可，那就是年轻时的弯路，不碰壁，不摔跟头，不碰个头破血流，怎能炼出钢筋铁骨，怎能长大呢？”诚然，张爱玲的感悟其实并不是个例，这是我们每个人都会经历的过程与阶段，只是环境有所不同，经历或早或晚而已。

就像著名词人辛弃疾曾经在《丑奴儿·书博山道中壁》中说过的：“少年不识愁滋味，爱上层楼。爱上层楼，为赋新

词强说愁。而今识尽愁滋味，欲说还休。欲说还休，却道天凉好个秋。”曾经小小年纪的我们，总是渴望在走出校园的时候就能够一步登天，找到心仪的工作，遇到知心的爱人，过上富足的生活。因为太心急，所以在一两次的失败之后就开始抱怨生活的不易，仿佛全世界只有自己生活得如此辛苦；因为太天真，没有经历过真正的磨难，所以在付出自我认为的所谓努力却没有获得相应回报之后，总觉得自己生活诸事不顺，年纪轻轻就在哀叹自己生活的不容易，仿佛早已看破了人生。殊不知，真正获得成功的人，又有谁是轻轻松松的呢？那些看似不动声色就获得的成功，背后又饱含了多少辛酸与汗水呢？你所看到的是他们的不动声色，但实际上，他们只是选择了沉默，选择主动将这些辛酸和苦楚都化成了督促自我不断前进的动力而已。

有这样一句话，希望能够跟大家共勉：“既然选择不认命，那就好好努力去拼命。”诚然，生命对于任何人而言都是一场未知的旅程，可以说，在到达生命的尽头之前，没有人会知道你活着的下一刻到底会发生什么。而面对未知，我们唯一能够做的就是珍惜当下的每一天，让自己的每一个“今天”都过得比昨天更精彩。在这过程中，每天都是一个新的开始，这每一个重新启程的时刻，都无比的闪耀和珍贵。假如没有这一过程，就没有我们的成长，没有我们的收获。

或许，我们都有过这样的经历：曾经，明明好像在同一起跑线上的小伙伴们，眨眼间就各奔东西，生活得丰富多彩，每个人都有自己想要追求的生活和方向，唯独自己迷茫而不知所措。于是，你开始怀疑自己，怀疑你所有的努力和坚持，既不甘心于自己的浑浑噩噩，又思虑太多，胆怯于迈出自己突破性的那一步。其实，我们在最初的时候，都曾一样的朝着某个方向在努力与拼搏，而每一个你看到的过程中的“结昊呈现”，不过是我们每个人都寻找到的另一种存在。你看到的别人的舒适与幸福可能是别人已经实现的梦想或人生，而你自己的，或许暂未出现，但其实，只是因为还在过程中。终有一日，随着时光的流逝，你会明白，曾经你所珍视的事物，竭力追求的物质可能都会渐渐离你而去，唯独这过程中的收获会永远留在你的心中。而这收获，就是你优先于别人看到的更多的风景。其实人生就是这样，总是在兜兜转转中学会更多的东西，拥有更多的收获，到达更高的起点。而前提是，我们从未放弃，从未停止努力的脚步。

其实，学习本身的意义，就远远大于结果。这过程中遇到的困难或挫折，所谓的“弯路”，其实并不是你所认为的无效劳动，而是一种你看不到的经历与收获。正所谓“不经一番寒彻骨，怎得梅香扑鼻来”，不论身处在人生的哪一阶段，初次为人，对我们所有人来说都是一次陌生的、全新的体验。每一条路，每一个尝试，都需要我们自己去经历，去摸索，并且，没有人知道这条路是否正确，会对你的人生有着怎样的影响。

这是考验与磨难，同时也是机遇和收获。

生活中的我们，总是喜欢用“过来人”的身份满怀好意地规劝自己真心疼爱的人，不要走弯路，希望他们能够以最快、最舒服的方式到达理想的那头。诚然，作为过来人，我们有过相似的经历，可能有着相应的经验，会有自己认定的“更好走的路”，但是，时代在变，环境在变，他也不是你，你的经验未必能够完全套用他的情况。再者，如果没有碰壁与摔跤，没有自我独立的学步，又怎能学会真正的长大？即便能够被保护一时，又有谁能够保证可以无虞到生命的尽头？人生中你多走的那几步弯路，都能够帮助你看到更多的风景。收起沉重的行囊，轻装上阵，将不愉快的昨天抛在脑后，然后拼命努力。未来的你，一定会感谢现在努力的你自己！

## 禁锢你的是心，而不是不值一提的困难

没有任何人的人生会是一帆风顺的，遭遇困境时，我们唯有勇敢地向前奔跑，才能成功突破人生的藩篱，让自己奔跑在更为广阔的天地。遗憾的是，总有些人过于怯懦，他们不管遇到多么小的困难，都会因此裹足不前。难道战胜困难真的那么难吗？其实，禁锢你的是你的心，而不是那个不值一提的困难。

内心软弱的人很难获得成功，只有坚强，才能让人们不管身处顺境还是逆境，都不忘初心地勇往直前。坚强，不仅仅是一种源自内心的坚持，更是一种柔韧的品质。坚强的人，总能够战胜心底的恐惧，不管面对多么大的困难，都坚持不放弃。生命中的很多机遇，都会伴随着危机和困难。因此，当你面对困难知难而退，你也就放弃了成功的机会。这就像是小马过河，在不知道河水多深的情况下，只能靠着自己摸索。人生也是如此。每个人的人生都是不可复制的。我们可以向前辈请教经验，但是却不能照搬和套用前辈的经验。时代在向前，万事万物都处于瞬息万变之中，我们只有根据自身的情况，顺应时势做出最恰到好处的选择，才能更加接近于成功。

如今，看到充满自信的亨利，你一定很难想象他曾经是一个自卑怯懦的人。当你看到亨利作为资深律师在法庭上慷慨陈词时，你更无法想象他曾经患有严重的口吃。

亨利出生在一个贫穷的家庭，他的父亲是个裁缝，靠着给富人做衣服勉强维持生计。他的母亲是个洗衣工，专门给有钱人家洗衣服，缝缝补补。每到寒冷的冬天，亨利为了帮助家里节约开支，不得不挎着一个破破烂烂的篮子，四处寻找散落的煤块。为此，亨利感到很难为情，他最害怕的就是被同学们看到，遭到同学们的嘲笑。

有一天，正当亨利专心致志地找零散的煤块时，成群结队的同学们看到了他，全都无情地嘲笑他。亨利觉得难堪极了，

惊慌之中甚至丢掉了破篮子，一个人泪流满面地跑回家。从此之后，他更加自卑、沉默，生活于他，似乎像黑漆漆的煤块一样了无起色。

一个偶然的机会，亨利读到了一本关于奋斗的书。书中的主人公虽然历经艰辛，备受生活的折磨，却从未放弃希望，直到坚强地经历完人生的所有不幸。亨利对主人公的遭遇感同身受，甚至想到了自己。他想道，假如我也能够这样坚强勇敢，人生一定也会变得与众不同。从此之后，亨利暗暗发誓一定要昂首挺胸，不再畏缩。在又一次提着篮子去给家里捡煤块时，亨利又遇到了那些嘲笑他的同学们。这次，他没有仓皇而逃，而是迎着他们勇敢地走上去。就这样，亨利成功了，他用自信和坦然打败了那些孩子们，也找回了自己的尊严。从此之后，亨利奋发苦读，一鼓作气，在战胜内心恐惧的同时，也彻底改变了自己命运的轨迹。

亨利是个穷苦人家的孩子，这样的孩子因为从小就遭到他人的嘲笑挖苦和讽刺，总是有些胆小怯懦，甚至非常自卑。亨利也是如此。幸好，他读到了一本能够启迪他心智的书，才能够破釜沉舟，为了自己的命运奋力一搏。他战胜了内心的恐惧，也赢得了成功的人生。

很多人都喜欢看美国大片，因为其中的主人公仿佛拥有无穷无尽的力量，总是能够与邪恶势力奋战到最后一刻。从这些千篇一律的结局中，我们不难领悟一个真理，即成功永远属于永不放弃、勇往直前的人。从现在开始，我们也要改掉犹豫不决的坏毛病，不管面对的是危机还是机遇，我们都要毫不犹豫地冲上前去。很多事情不尝试怎么知道结局呢，而且如果不切切实实地去做，我们就会永远毫无收获。宁愿当一个错误连连的行动派，也不要当一个只说不做的空想家。

## 做人，一定不要画地为牢

不得不说，在人生的道路上，勇敢是每个人不可缺少的品质。勇敢，带给每个人的收获是非常多的，比如，勇敢的人也许没有独特的天赋，但是他们却因为无所畏惧而能够抓住千载难逢的好机会；勇敢的人也许缺乏力量，但是他们却因为这样坚定不移地向前，而获得伟大的力量，具有强大的气场；勇敢的人还有神奇的魔力，总是能够坚定无畏地行走人生之路，即使身边没有同行者，非常孤独，他们也无所畏惧，砥砺前行。正如大文豪鲁迅先生所说的："真的勇士，敢于直面惨淡的人生，敢于正视淋漓的鲜血……"当然，鲁迅先生生活在战乱的年代，为了唤醒国人的灵魂才弃医从文，医治人们心灵上的创伤。我们生活在和平的年代里，享受着和平，也拥有幸福美满的生活，但是这并不意味着我们不需要勇敢的精神。

生活从来不是顺遂如意的，很多人在面临生活的困境时，

都无法控制内心的恐惧，情不自禁就丢盔弃甲当了逃兵。实际上，真正的人生强者未必有多么强大的勇气，也未必有多少成功的胜算，但他们就是很勇敢，不管做什么事情都能英勇无畏、努力向前。正因为如此，他们才有破釜沉舟的勇气，也才能够在最终的殊死搏斗中获得胜利。人生何尝不是一场博弈，每个人都想战胜厄运，也都想让自己的人生绽放出与众不同的光彩。

秦朝末年，因为秦王的残暴统治，各地的人们纷纷起义，想要推翻秦王的残暴统治。在这些反抗秦王的队伍中，尤其以陈胜和吴广的起义力量最为强大。后来，项羽因为在巨鹿之战中打败秦军，也在起义军中崛起，成为重要的抗秦力量。

原本，项羽是楚国的大将，因为秦军派出军队围困赵国，赵国眼看危在旦夕，赵王这才派人向楚王求救。楚王深知唇亡齿寒的道理，为此任命宋义为上将军、项羽为次将军，并且给了他们二十万大军，让他们赶去巨鹿与赵国里应外合，击败秦军。然而，宋义是个贪生怕死之辈，在行军到半途的时候，他就命令部队安营扎寨，不再前进。全体将士缺衣少食，但是宋义却每天花天酒地。最终，项羽看不过去，杀死宋义，自封为上将军，率领部队开拔。到了靠近目的地的漳河岸边，项羽先是派出精锐部队切断秦军的粮草路线，又亲自率领大军渡过漳河。项羽深知秦军兵力雄厚，而且骁勇善战，为了让全体将士都能够拼死搏斗，项羽决定自断退路。他命人凿穿过河用的船只，又砸碎做饭的锅灶，然后只给每个人发了3天的口粮。这样一来，每一位将士都知道了项羽破釜沉舟的决心，也知道项羽一定要战胜秦军、宁死不屈的信念。就这样，他们全都把生死置之度外，在接连对秦军发起9次冲锋之后，终于打败了秦军，秦军死的死、亡的亡，溃不成军。由此，秦军元气大伤，这场战役也为几年后秦朝的灭亡奠定了基础。

熟悉历史的人都知道，当时秦军之中驻守巨鹿的是章邯，而章邯也是首屈一指的大将。正是因为项羽有着破釜沉舟的决心，也决不给自己和将士们留下任何退路，所以他们才能把生死置之度外，以一当十，打败了秦军。由此可见，不管做什么事情，如果想要获得成功，就要更加全力以赴面对未来，这样才能绝不懈怠地面对人生，不遗余力地做好每一件事情。

正如古人所说，生于忧患，死于安乐。细心的朋友会发现，那些生存环境不好的人，反而更能够坚定信念努力去做好每一件事情。因此，当你认为自己的生存条件太过安逸，也觉得自己的人生希望渺茫，那么不如把自己逼到危险的悬崖，反而更能激发自身的力量，让自己全力以赴、勇敢无畏。记住，人生是不可能绝对安全的，再小的一件事情也有两种可能：一种是成功，一种是失败。现实生活中，很多人因为有风险而迟疑不定，也为了获得百分之百成功的保证而做出各种努力，实际上，这都是徒劳的。事情不可能万无一失，我们要做的就是在想清楚之后勇敢去做，更要在万一失败之后努力地承担责

任，无所畏惧。

做人，一定不要画地为牢。正如一位名人所说的，每个人最大的敌人都是自己。我们一定要打破坚硬的人生禁锢，这样才能不断拓展人生的版图，也给予人生更加瑰丽美好的未来。

# 参考文献

[1]求真. 为自己鼓掌[M]北京: 民主与建设出版社, 2018.

[2]罗布·杨. 自信力成为最好的自己[M]. 北京: 人民邮电出版社, 2018.

[3]林紫. 从自卑到自信: 超越你自己[M]. 广州: 广东旅游出版社, 2019.

[4]路斯·哈里斯. 自信的陷阱[M]. 北京: 机械工业出版社, 2019.

[5]稻盛和夫.活着[M].周庆玲,译.北京:东方出版社.2005.

[6]常爱涛. 父亲的引导使我走向成功[J]. 家庭教育导读, 2009, 000(2):58–59.